U0247418

常压页岩气压裂理论与实践

蒋廷学　卞晓冰　张龙胜 等　著

科学出版社

北京

内 容 简 介

中国常压页岩气区块的地质特征与北美存在巨大的差异,压裂技术可借鉴但不可复制。本书以实现常压页岩气井降本增效开发为目标,对可压性评价技术、射孔工艺技术、多簇裂缝均衡扩展控制技术、配套压裂液体系及工具等最新研究成果进行了介绍,详细阐述了适合我国常压页岩气藏的水力压裂技术,并介绍了典型施工井案例。

本书适合从事非常规页岩气储层压裂的工程技术人员使用。

图书在版编目(CIP)数据

常压页岩气压裂理论与实践/蒋廷学等著. —北京:科学出版社,2020.10

ISBN 978-7-03-066149-4

Ⅰ. ①常… Ⅱ. ①蒋… Ⅲ. ①油页岩–分层压裂–研究

Ⅳ. ①TE357.1

中国版本图书馆 CIP 数据核字(2020)第 174893 号

责任编辑:吴凡洁 冯晓利 / 责任校对:王萌萌
责任印制:师艳茹 / 封面设计:蓝正设计

科 学 出 版 社 出版

北京东黄城根北街 16 号
邮政编码:100717
http://www.sciencep.com

三河市春园印刷有限公司 印刷
科学出版社发行 各地新华书店经销

*

2020 年 10 月第 一 版 开本:787×1092 1/16
2020 年 10 月第一次印刷 印张:14
字数:311 000

定价:198.00 元
(如有印装质量问题,我社负责调换)

作 者 简 介

蒋廷学 博士，正高级工程师。2007 年中国科学院流体力学专业博士毕业。1991 年 8 月至 2009 年 12 月，就职于中国石油勘探开发研究院廊坊分院；2010 年 1 月至今，就职于中国石油化工股份有限公司石油工程技术研究院，所长。中国石化集团公司高级专家，享受国务院政府特殊津贴。《石油钻探技术》及《油气井测试》编委，采油采气行业专业标准化委员会委员。

曾经承担"十二五"国家科技重大专项"海相碳酸盐岩储层改造"专题 1 项，目前承担"十三五"国家科技重大专项"彭水地区高效钻井及压裂工程工艺优化技术"课题 1 项、页岩油气国家自然科学基金重大项目子课题 1 项。共发表储层改造相关国内外论文 235 篇，著有第一作者或独著专著 5 部，获得省部级以上科技成果奖励 21 项，授权专利 81 项。

卞晓冰 博士，副研究员。2012 年中国石油大学(北京)油气田开发工程专业博士毕业。2012 年 7 月至今，就职于中国石油化工股份有限公司石油工程技术研究院。

承担"十三五"国家科技重大专项"彭水地区高效钻井及压裂工程工艺优化技术"专题 1 项、参与页岩油气国家自然科学基金重大项目子课题 1 项。共发表论文 39 篇，SCI/EI 收录 12 篇，参与编写专著 4 部，获得省部级以上科技成果奖励 3 项，授权专利 12 项。

张龙胜 高级工程师。1990 年毕业于江汉石油学院应用化学专业，目前就职于中国石油化工股份有限公司华东油气分公司石油工程技术研究院，院长。

承担"十三五"国家科技重大专项"彭水常压页岩气示范工程建设"课题 1 项，省部级课题 2 项。获省部级科技进步奖 3 项，授权专利 6 项。

序

　　我国常压页岩气资源丰富，与高压页岩气相比，常压页岩气开发难度更大，具体表现为压裂后的初产低、递减快、经济效益差。截至目前，国内仍没有商业性开发的常压页岩气田。究其原因，从技术参数而言，常压页岩气压裂的裂缝形态相对单一，裂缝复杂性程度低、缝高小且改造体积小。

　　与国内高压页岩气和国外常压页岩气相比，国内的常压页岩气都具有含气性差、两向水平应力差大及垂向应力差小等特征。因此，在体积压裂的裂缝密度、裂缝复杂性、缝高及综合降本等方面的要求及实现难度都不尽相同。具体而言，常压页岩气压裂的簇间距应更小，段内簇数应更多，但由此加剧了多簇裂缝非均衡延伸问题，每簇裂缝缝高相应大幅度降低。因此，裂缝总体改造体积并不一定随着簇数的增加而呈比例增加，需要进行综合权衡优化。换言之，国内高压页岩气和国外常压页岩气的压裂技术模式及工艺参数等，都不能简单照搬到常压页岩气中去，亟须针对国内常压页岩气的特殊性，开展针对性及创新性的压裂理论研究及现场试验工作。

　　《常压页岩气压裂理论与实践》的作者通过多年的研究与实践，针对常压页岩气的特殊性，分别从国内外常压页岩气地质及压裂特征、甜度及可压性评价技术、平面射孔技术、多尺度裂缝破裂及延伸机制、低伤害高效压裂液体系、分段压裂工具、降本增效潜力分析及体积压裂技术、典型压裂案例分析八个方面，系统全面论述了常压页岩气压裂的理论及现场实施控制方法，并结合现场实例分析，全面展现了常压页岩气压裂的技术方法及实现途径。该书的出版，必将为国内常压页岩气的经济有效开发提供有力的技术支撑，对现场技术人员及大专院校学生，也具有重要的参考价值。

中国工程院院士

2020 年 6 月

2012 年底，焦页 1HF 井实现了页岩气井的商业突破，随之拉开了中国页岩气勘探开发的序幕。近几年，水平井分段压裂技术不断提升，页岩气井产量也在逐年突增，由初登舞台转变为中国油气勘探开发的生力军。中石油于 2014 年启动威远-长宁页岩气产能建设，2016 在川南建成长宁-威远、昭通两个页岩气商业开发区。2014 年中石化开始涪陵页岩气田产能建设工作，2015 年宣布建成涪陵一期 $50 \times 10^8 \text{m}^3$ 产能，并于 2017 年底累计建成 $100 \times 10^8 \text{m}^3$ 产能。

但是，目前页岩气井的商业突破仍局限在中浅层高压页岩气藏中，地层压力系数低于 1.2 的常压页岩气藏尚未实现经济有效开发。四川盆地龙马溪组页岩整体生烃条件相近，影响页岩气富集高产的原因是燕山期至今的构造运动对页岩层系的差异性改造。相对于高压页岩气藏，常压页岩气藏含气具有丰度低、吸附气占比高等主要地质特征，以及压后产量低、递减快的生产特征，目前现有的开发技术尚不具经济动用常压页岩气资源的能力。

鉴于我国拥有巨大的常压页岩气资源，如何对其进行经济有效的开发，目前存在两个关键技术挑战：首先，常压页岩气具有含气性偏差、地层能量不足、压后产量低的特征，其是否还有增产潜力？其次，在目前产量难以大幅度提高的前提下，能否通过大幅度降低压裂成本实现常压页岩气的商业开发？本书从国内外典型常压页岩气藏的地质特征入手，研究了针对我国常压页岩气特征的体积压裂参数优化及控制技术，包括甜度评价技术、平面射孔技术、多簇裂缝暂堵技术，以及配套的低成本压裂液等技术措施，以提升常压页岩气井的产能，为其经济有效开发奠定基础。希望本书能够为业内从事页岩气压裂工作的研究人员提供参考。

本书的架构设计和统稿由蒋廷学完成。第 1 章、第 8 章由蒋廷学撰写，第 2 章由蒋廷学、卞晓冰和刘斌彦撰写，第 3 章由蒋廷学、卞晓冰和卫然撰写，第 4 章由卞晓冰和蒋廷学、王海涛撰写，第 5 章由卞晓冰、蒋廷学和肖博撰写，第 6 章由魏娟明和黄静撰写，第 7 章由魏辽和朱玉杰撰写，第 9 章由张龙胜、卞晓冰、苏瑗和李双明撰写。全书由刘斌彦进行文字校核。

由于作者水平有限，加之时间仓促，书中疏漏之处在所难免，恳请广大专家、学者批评指正。

作　者
2020 年 5 月

目录

序

前言

第1章 绪论 ··· 1

1.1 常压页岩气的甜度评价技术 ··· 1

1.2 常压页岩气的增产潜力分析 ··· 2

1.3 常压页岩气的平面射孔技术 ··· 3

1.4 常压页岩气的压裂规模优化 ··· 3

1.5 常压页岩气的少段多簇压裂技术 ·· 4

1.6 常压页岩气的缝内多次暂堵转向技术 ··· 4

1.7 常压页岩气的压后返排机理及规律研究 ······································ 5

1.8 常压页岩气压裂技术的发展趋势 ·· 5

1.8.1 压裂增效技术发展趋势 ··· 5

1.8.2 常压页岩气压裂降本技术趋势 ·· 7

第2章 国内外常压页岩气地质及压裂特征 ······························· 10

2.1 国外典型常压页岩气区带地质与压裂特征 ································· 10

2.1.1 Barnett页岩气地质及压裂井概况 ···································· 10

2.1.2 Marcellus页岩气地质及压裂井概况 ································· 16

2.1.3 Fayetteville页岩气地质及压裂井概况 ····························· 18

2.2 国内典型常压页岩气区带地质与压裂特征 ································· 26

2.2.1 彭水页岩气地质及压裂井概况 ··· 28

2.2.2 武隆页岩气地质及压裂井概况 ··· 33

2.2.3 丁山页岩气地质及压裂井概况 ··· 35

2.3 国内外常压页岩气对比 ··· 37

参考文献 ··· 39

第3章 常压页岩气甜度及可压性评价技术 ······························· 41

3.1 常压页岩气甜度评价技术 ·· 41

3.1.1 页岩气地质甜度与工程甜度的定义 ·································· 41

3.1.2 页岩气地质甜度与工程甜度的计算 ·································· 42

3.1.3 应用实例 ··· 44

3.2 常压页岩气可压性评价技术 ··· 46

3.2.1 常压页岩脆性指数模型 ··· 47

3.2.2 裂缝延伸过程中形成复杂裂缝的可能性 ···························· 47

3.2.3 复杂裂缝系统内支撑剂运移及铺置的难易程度 ·················· 48

参考文献 ··· 49

第 4 章　常压页岩气射孔技术 ··· 51
　4.1　常规簇射孔技术 ··· 51
　　4.1.1　数学模型的建立 ·· 51
　　4.1.2　射孔参数优化 ·· 55
　4.2　平面射孔技术 ·· 62
　　4.2.1　技术优势 ··· 62
　　4.2.2　射孔枪参数 ··· 66
　参考文献 ··· 66
第 5 章　常压页岩气多尺度裂缝破裂及延伸机制 ································· 67
　5.1　常压页岩气单簇裂缝起裂与扩展物理模拟方法 ··················· 67
　　5.1.1　物理模拟试验系统 ·· 67
　　5.1.2　物理模拟试验流程 ·· 68
　　5.1.3　典型试样分析结果 ·· 70
　　5.1.4　页岩水力压裂裂缝形态多因素分析 ······································ 73
　5.2　常压页岩气双簇裂缝起裂与扩展物理模拟方法 ··················· 74
　　5.2.1　物理模拟试验系统 ·· 74
　　5.2.2　典型试样分析结果 ·· 75
　5.3　页岩压裂水力裂缝起裂机理研究 ···································· 81
　　5.3.1　水力裂缝在井眼围岩本体起裂模型 ······································ 81
　　5.3.2　水力裂缝沿天然裂缝破裂模型 ·· 82
　　5.3.3　影响裂缝延伸的关键因素 ·· 86
　　5.3.4　破裂压力影响因素研究 ··· 87
　5.4　常压页岩气裂缝起裂与扩展数值模拟方法 ··················· 89
　　5.4.1　多簇射孔裂缝起裂存在的问题 ·· 89
　　5.4.2　段内多簇射孔非均匀裂缝延伸模拟 ······································ 93
　　5.4.3　段内多簇射孔裂缝高度的模拟 ·· 94
　　5.4.4　段内暂堵球压开多簇的模拟分析 ··· 98
　参考文献 ··· 101
第 6 章　常压页岩气低伤害高效压裂液体系 ···································· 102
　6.1　低伤害高降阻率降阻水体系 ··· 102
　　6.1.1　低伤害高降阻率降阻水体系的适用性 ·································· 102
　　6.1.2　低伤害高降阻率降阻水体系添加剂 ····································· 102
　　6.1.3　低伤害高降阻率降阻水体系性能 ··· 109
　　6.1.4　降阻水压裂液现场应用 ·· 115
　6.2　低伤害强携砂胶液体系 ··· 117
　　6.2.1　胶液压裂液的原理 ·· 117
　　6.2.2　胶液压裂液添加剂优化 ·· 118
　　6.2.3　胶液压裂液性能评价 ·· 121
　6.3　压裂液分段优化及同步破胶技术 ···································· 126
　　6.3.1　设计原则 ··· 126
　　6.3.2　压裂液优化设计 ·· 126

　　　6.3.3　同步破胶设计 ···128

　　参考文献 ··131

第 7 章　常压页岩气分段压裂工具 ···132

　　7.1　大通径桥塞分段压裂工具 ···132

　　　7.1.1　国内外技术现状 ···132

　　　7.1.2　大通径桥塞现场施工工艺 ···134

　　　7.1.3　大通径桥塞现场应用案例 ···135

　　7.2　可溶桥塞分段压裂工具 ···137

　　　7.2.1　技术现状 ··137

　　　7.2.2　可溶桥塞整体方案及关键部件结构设计 ···138

　　　7.2.3　可溶桥塞配套合金材料研制 ···138

　　　7.2.4　可溶桥塞性能测试 ···139

　　　7.2.5　可溶桥塞现场应用 ···140

　　7.3　延时启动趾端滑套 ··141

　　　7.3.1　技术现状 ··141

　　　7.3.2　结构和工艺原理 ···141

　　　7.3.3　关键技术 ··142

　　　7.3.4　技术参数 ··143

　　　7.3.5　关键施工工艺 ··144

　　　7.3.6　应用案例 ··144

　　参考文献 ··145

第 8 章　常压页岩气降本增效潜力分析及体积压裂技术 ······························146

　　8.1　常压页岩气压裂地质模型建立 ··146

　　8.2　常压页岩气压裂增产增效潜力分析 ··146

　　　8.2.1　常压页岩气的增产潜力分析 ···146

　　　8.2.2　常压页岩气压裂增效途径分析 ···149

　　8.3　常压页岩气的降本技术 ···150

　　　8.3.1　射孔参数优化 ··150

　　　8.3.2　裂缝参数的优化 ···153

　　　8.3.3　注入参数的优化 ···158

　　　8.3.4　压裂液的配方优化 ···159

　　　8.3.5　支撑剂类型优选 ···160

　　　8.3.6　山地井工厂多井拉链式压裂 ···160

　　8.4　常压页岩气体积压裂参数优化及控制技术 ···162

　　　8.4.1　压裂施工参数的优化与控制 ···162

　　　8.4.2　压后返排参数的优化 ···165

　　参考文献 ··166

第 9 章　常压页岩气典型压裂案例分析 ···167

　　9.1　彭水区块典型压裂井案例分析 ··167

　　　9.1.1　钻完井概况 ···167

　　　9.1.2　页岩品质评价 ··168

    9.1.3　压裂优化设计 ……………………………………………………… 170

    9.1.4　现场压裂施工 ……………………………………………………… 176

    9.1.5　压后评估分析 ……………………………………………………… 178

    9.1.6　认识 …………………………………………………………………… 181

9.2　武隆区块典型压裂井案例分析 ………………………………………………… 182

    9.2.1　钻完井概况 …………………………………………………………… 182

    9.2.2　页岩品质评价 ………………………………………………………… 183

    9.2.3　压裂优化设计 ………………………………………………………… 186

    9.2.4　现场压裂施工 ………………………………………………………… 189

    9.2.5　压后评估分析 ………………………………………………………… 190

    9.2.6　认识 …………………………………………………………………… 193

9.3　丁山区块典型压裂井案例分析 ………………………………………………… 193

    9.3.1　钻完井概况 …………………………………………………………… 193

    9.3.2　页岩品质评价 ………………………………………………………… 194

    9.3.3　压裂优化设计 ………………………………………………………… 196

    9.3.4　现场压裂施工 ………………………………………………………… 201

    9.3.5　压后评估分析 ………………………………………………………… 201

    9.3.6　认识 …………………………………………………………………… 204

9.4　金佛断坡典型压裂井案例分析 ………………………………………………… 204

    9.4.1　钻完井概况 …………………………………………………………… 204

    9.4.2　页岩品质评价 ………………………………………………………… 205

    9.4.3　压裂优化设计 ………………………………………………………… 207

    9.4.4　现场压裂施工及效果 ………………………………………………… 209

    9.4.5　认识 …………………………………………………………………… 209

9.5　小结 ………………………………………………………………………………… 209

参考文献 ………………………………………………………………………………… 210

第1章 绪 论

所谓常压页岩气是指地层压力系数低于 1.2(一般指压后测试结果)的页岩气,中国四川盆地蕴藏着大量的常压页岩气资源,据保守估计也在 $8 \times 10^{12} m^3$ 以上。与高压页岩气相比,常压页岩气的主要地质特点如下:①一般位于构造的向斜位置,处于应力挤压状态,因此上覆应力与最小水平主应力的差值相对较小,一般小于 5MPa;②一般位于断层附近,由于断层的溢散效应,且溢散的页岩气基本以游离气为主,常压页岩气的总含气量偏低,一般小于 $4m^3/t$,且吸附气的占比相对较高,一般大于 60%;③由于距离断层近,各种裂隙相对发育,存在钻井液与压裂液混合形成反应堵塞物的可能性。

相应地,给压裂施工主要带来以下挑战:①缝高延伸受限。由于上覆应力与最小水平应力的差值小,在缝高延伸过程中,水平层理缝易于张开,大量的压裂液被层理缝吸纳,造成缝高的垂向延伸能力大幅度降低。加上目前常用少段多簇的施工策略,则每簇裂缝的缝高延伸会进一步受限,这就带来一个问题,到底是少段多簇形成的裂缝改造体积大,还是常规的段内适中的射孔簇形成的裂缝改造体积大。②由于孔隙压力相对较低,在挤压应力作用下,各种裂隙及水平层理缝/纹理缝的宽度都相对较窄。换言之,应用高压页岩气常用的中黏度降阻水,其沟通与延伸上述小微尺度裂缝的能力相对较弱,因此,裂缝的复杂性程度会相应降低。③由于孔隙压力低,加上各种小微尺度裂缝系统发育,导致地层的滤失相对较大,在同等施工参数条件下的造缝效率低,进而导致主裂缝的净压力低。因此,裂缝的复杂性程度及改造体积都相对较低。④总体含气量低,且吸附气占比相对较大,导致压后初产低,且递减相对较快(吸附气只有水力裂缝系统波及的区域才能建立驱动压差,且孔隙中的压力只有降低到临界解吸附压力,才能驱使吸附气产出)。⑤压后返排率高(与裂缝复杂性程度低息息相关),给环境保护及压裂液的重复利用都带来了较大的挑战。

下面通过对常压页岩气的压裂技术及今后的发展方向进行扼要的阐述,以帮助读者形成初步认识。

1.1 常压页岩气的甜度评价技术

常规页岩气一般采用甜点指标进行定性或半定量的评价,而对常压页岩气而言,由于含气性普遍偏低,因此,含气相对富集的甜点区的评价与段簇位置的优选就显得至关重要。常规的甜点评价方法及模型,主要考虑了储集性能参数(如孔隙度及有效厚度等)、能量参数(如孔隙压力等)及流动能力参数(如有效渗透率、页岩气黏度、高角度天然裂缝与水平层理缝等)等。但压后产气剖面测试结果表明,段簇产气贡献率与对应段簇位置处的甜点指标的相关性系数并不高。

而采用另一个全新的甜度指数概念,即定量表征甜点中的甜点,它与压后产气贡献率的相关性系数明显提升。因此，采用甜度指标更有利于寻找最有利的页岩气富集区及段簇射孔位置。

所谓甜度就是在压后产气单因素分析的基础上，先将各因素按权重大小进行排序，并基于目标区块各因素取值的有利区范围，设定一个多因素的集合。显然，这个参数的集合表征假定的最有利于产气的射孔簇位置，甜度最高，一般甜度值为 1。然后，分别求取上述每个位置处(可以 1m 为一个数据点)的有关参数，并形成多个参数的集合。然后，按欧氏贴近度方法分别求取每个位置参数集合与上述最优参数集合的欧氏贴近度，如水平段上某个位置处计算的欧氏贴近度越大，则该位置处射孔压裂后的产气量越高的可能性就越大。可由此按从高到低顺序进行排序，再结合分段数的优化结果，最终确定各射孔簇的位置(射孔簇的中心位置是上述计算的参数集合对应的位置)。压后产气剖面结果也证实，新提出的甜度指标与压后产气贡献率的相关性系数有较大幅度的提高。

1.2 常压页岩气的增产潜力分析

鉴于常压页岩气的产量一般相对较低的实际情况，业界非常关心的问题是常压页岩气还有没有继续提高产量的潜力，以及从哪些方面着手？鉴于此，建立了常压页岩气精细地质模型，在此基础上，按"等效导流能力的方法"设置人工裂缝系统，且该人工裂缝系统既可设置为单一主裂缝，也可设置为具有不同支裂缝及微裂缝的复杂裂缝系统。所谓"等效导流能力"是指为减少模拟运算的工作量，将裂缝的支撑宽度放大一定的倍数后(一般放大后不超过 1m)，按比例缩小裂缝内支撑剂的渗透率，使它们的乘积即裂缝的导流能力保持不变。实践证明该方法既可大量节约机时，又不降低产量预测的精度。

在此基础上，采用正交设计方法，模拟不同的水平段长度、水平井间距、裂缝长度、导流能力、簇间距等对压后产量的影响及其敏感性，从中优选敏感性强的参数，作为下一步参数改进的依据。

鉴于大多数情况下，常压页岩气水平井已完钻，可变的主要是簇间距。目前国内页岩气水平井分段压裂的簇间距一般在 20～25m，常压页岩气也基本遵循这一原则。但通过缩小簇间距到 10m 甚至 5m 后发现，产量的增加幅度甚至可以超过 100%。但简单地通过增加段内射孔簇数并不能保证将所有射孔簇全部压开，即使全部压开，每簇射孔裂缝吸收的排量就相应降低，因此，缝高会受到很大程度的影响，尤其在常压页岩气上覆应力与最小水平应力差相对较小的前提下，会导致水平层理缝的大量开启及垂向缝高的严重受限。换言之，是较多的裂缝条数但缝高受限形成的裂缝改造体积大，还是较少的裂缝条数但缝高延伸充分的裂缝改造体积大，需经过综合评价才能最终确定。

此外，影响页岩气压后产量的因素还有裂缝的复杂性程度。由于常压页岩气的吸附气含量相对较高，只有通过大幅度提高裂缝的复杂性程度，即除了主裂缝外，还压裂出大量的支裂缝及微裂缝(支裂缝与主裂缝要高效连通，微裂缝与支裂缝也应高效连通或微裂缝与主裂缝直接连通），才可能将更多的吸附气开采出来。

1.3　常压页岩气的平面射孔技术

常规的页岩气水平井一般采用螺旋式射孔方式，方位角一般为 60°，射孔密度为 16～20 孔/m，簇长一般 1～1.5m。这种射孔方式存在的主要问题是开始时簇内多缝同时起裂与延伸，但由于页岩的强非均质性，最终只有一条或一条以上的少数裂缝继续延伸，其他裂缝由于受簇内近距离裂缝的诱导应力干扰效应及本身应力高的叠加影响，会慢慢终止延伸，这会造成孔眼摩阻较大幅度的增加。

再者，簇内多裂缝延伸还会造成支撑剂的低效充填，因压后簇内多个裂缝相互间的流动干扰效应，实际对产量有贡献的当量裂缝条数，不是簇内裂缝条数的简单求和。

此外，由于开始注入时簇内每个射孔眼分配的排量十分有限，因此，每个射孔眼处裂缝的缝高也十分有限，即使因非均质性导致最终只有少数射孔眼处裂缝继续延伸，看似单孔排量有较大幅度的增加，但由于此时裂缝几何尺寸已相对较大，排量大幅度增加引起的缝内净压力增加效应被大尺寸裂缝所消耗，由此导致的缝高增加幅度也非常有限。

鉴于此，提出平面射孔技术，即将多个射孔眼分布于一个垂直于水平井筒的平面内，这样就有多个射孔眼分配的排量一起进入单一的水力裂缝中，可以大幅度促进水力裂缝的三维延伸，不仅可以增加缝高，还可以增加缝宽及相应的诱导应力，促使裂缝复杂性程度大幅度增加，进而在一定程度上可以提高压后产量。同时还可避免支撑剂在螺旋式射孔方式下的低效支撑问题。此外，平面射孔可使破裂压力降低 30%以上。综上所述，平面射孔技术既能增加产量又能降低成本，可谓一举两得。

1.4　常压页岩气的压裂规模优化

降低成本是常压页岩气压裂规模优化时必须考虑的重要问题。为此，须对常压页岩气裂缝扩展规律进行精细模拟分析。模拟结果发现，随着裂缝的不断扩展，裂缝几何尺寸尤其是缝长的增长规律呈现出三段式，即早期为缝长的快速增长阶段，中期为缝长的平稳增长阶段，晚期为缝长的缓慢增长阶段。这是由于早期的裂缝几何尺寸相对较小，同样的压裂液注入后引起的缝内净压力大幅度增加，导致裂缝三维几何尺寸的快速增加。中期时裂缝三维几何尺寸已相对较大，同样的压裂液注入后引起的缝内净压力增加的幅度相对较低，因此裂缝增长较早期阶段有所减缓。在晚期阶段，裂缝的几何尺寸已相当大，同样的压裂液进入后引起的缝内净压力的增加幅度非常有限，导致裂缝的缝长增长速度相对缓慢。因此，可将上述裂缝扩展的第三个阶段去掉，既节约了大量的压裂液及支撑剂，缝长的损失又相对较小。换言之，可以在保证压后产量不变或降低很小的前提下，较大幅度降低压裂成本。

1.5　常压页岩气的少段多簇压裂技术

通过增加段内簇数，在簇间距不变的前提下，可以降低分段压裂的段数。显然，段内簇数越多(单段的压裂液量及支撑剂量有所增加，但不是按簇数增加的比例增加)，最终的分压段数就越少。而压裂施工作业的费用结算主要是基于段数的，因此，虽然单段的压裂液量及支撑量略微增加，但总的压裂施工费用应是大幅度降低的。

目前，国外页岩气水平井的段内簇数多达 12～16 簇，国内多达 6 簇。但与国外相比，由于上覆应力与最小主应力的差值相对较小，国内常压页岩气的缝高在其他施工参数一定的前提下，都会不同程度地小于国外。因此，在段内射孔簇数大幅度增加的情况下，每簇裂缝缝高会相应地大幅度降低，而裂缝的改造体积是否随着簇数的增加而同步增加，实未可知。

为了增加每簇裂缝的缝高，也为了促进各簇裂缝都能正常起裂与延伸，可采用投封堵射孔眼暂堵球的技术。该技术就是在先压裂一段时间后，投入一定数量的射孔眼暂堵球，封堵已压开的裂缝。随着注入的持续进行，水平井筒内的压力会持续增加，从而迫使其他未起裂或虽起裂但延伸不充分的射孔簇继续起裂与延伸新裂缝。

值得指出的是，由于目前的暂堵球密度一般为 1.3～1.7g/cm³，比压裂液的密度(一般为 1.01～1.03g/cm³)大得多，因此，其与压裂液的流动跟随性相对较差，现场各种测试资料也证实，靠近 A 靶点射孔簇裂缝延伸得相对更充分，尤其需要暂堵球优先封堵，但实际模拟计算结果表明，暂堵球大部分封堵的是靠近 B 靶点的射孔簇裂缝，这与预期的结果正好背道而驰。此外，正因为暂堵球密度相对较高，其在重力作用下易于沉降，因此，在水平井筒中从射孔簇中部到上部的孔眼大多很难被有效封堵住。除非采用比压裂液密度低的暂堵球封堵上部射孔眼，同时采用比压裂液密度大的暂堵球封堵下部射孔眼。

1.6　常压页岩气的缝内多次暂堵转向技术

除了在水平井筒中投暂堵球促进段内多簇裂缝起裂与延伸外，如何同时在不同的裂缝内同步实现缝内的多次暂堵转向作业，是确保最大限度地提高裂缝的复杂性及改造体积的重要技术保障。

常规的缝内一次封堵对裂缝复杂性程度的提高有一定的促进作用，但效果有限，原因在于如果封堵位置在近井筒裂缝处，则复杂裂缝主要出现在近井筒裂缝内；如果封堵位置在裂缝端部，虽然利于在裂缝长度范围内出现大量的支裂缝及微裂缝，但由于支裂缝及微裂缝条数相对较多，实际上每条支裂缝及微裂缝能被分配的排量及压裂液量都相对有限，导致各个支裂缝及微裂缝延伸的范围都相对有限，这对提高裂缝的复杂性及改造体积也同样不利。如果封堵位置在裂缝的中部，上述两种情况可能都不同程度地存在。因此，如果能在裂缝不同位置处实现多次暂堵作业，则可使裂缝的复杂性在主裂缝的全缝长范围内都有分布，且支裂缝延伸的范围还相对较大，因此，裂缝复杂性及改造体积会因此得到大幅度的提升。

需要格外强调的是，支裂缝与主裂缝间、微裂缝与支裂缝间，甚至微裂缝直接与主裂缝间的有效连通至关重要，否则，难以形成页岩气流动的有效连续通道。其关键措施是支撑剂段塞施工时不加砂的压裂液隔离液的体积优化与控制，宁少勿多，但要确保支撑剂的顺利安全加入，严格防止因隔离液体积不够而造成的施工砂堵情况。

1.7　常压页岩气的压后返排机理及规律研究

常压页岩气的压后返排率都相对较高，如一般在 30%～40%，有的甚至更高，主要原因在于裂缝的复杂性程度不高，加上页岩气基质的极低滤失性，大量的压裂液绝大部分聚集在主裂缝中，在压后返排过程中，利用井口余压会携带出相当比例的压裂液。

而对高压页岩气而言，由于裂缝的复杂性程度相对较高，主裂缝中滞留的压裂液本来就不多，加上产气高峰期很短，大量的页岩气过早进入主裂缝后，会产生所谓的"水锁"效应，也会抑制主裂缝中压裂液的返排。而支裂缝及微裂缝的相对发育，也吸收了相当比例的压裂液，这些压裂液在上述小微尺度裂缝的壁面上形成不同厚度的水膜，也很难将其大部分返排到主裂缝中。因此，相对而言，高压页岩气的压后返排率一般较低，有的甚至不到 5%。

此外，不管是常压还是高压页岩气，一般都是在低含水饱和度的咸化环境中沉积形成的，常规的压裂液浸泡一段时间后，可使孔隙度得以一定幅度的提升。因此，适当控制压裂液的返排速度，除了可避免裂缝出砂及裂缝壁面的应力敏感效应外，还可促使裂缝壁面附近孔渗条件的改善及由此带来的压后效果的提升，可谓一举多得。

1.8　常压页岩气压裂技术的发展趋势

降本和增效是常压页岩气压裂追求的两个目标。在初期可以增效为主，降本为辅。后期可以二者并重，或者以降本为主，增效为辅。当然，如果能同时既降本又增效，则是最佳的选择，但这种技术很难研发出来。

1.8.1　压裂增效技术发展趋势

1. 密切割压裂技术

如一段内射孔 10 簇甚至 16 簇以上，通过适当缩短簇间距(如从目前的 15～25m 降低到 5～10m)，可以从整体上减少分压的段数。簇数增加后，单段压裂液及支撑剂规模应适当增加。

此外，如何保证多簇裂缝的均衡起裂和延伸，且同时保证每簇裂缝的高度延伸基本不受太大的影响，具有极大的难度，尤其是当簇数增加到 10 簇以上时更是如此。为此，可采用液体暂堵桥塞工艺进行段内暂时分段，并采用剪切增稠自适应降阻水体系进行联合作业。

所谓液体暂堵桥塞就是液体暂堵剂，可通过特殊的注入工艺将其泵送到预定的段内某个位置。为保证其对水平井筒的全充满，液体桥塞在成胶前的黏度应相对较高，且注入排量不能太低，且其抗压强度应在 30～50MPa 以上。

所谓剪切增稠自适应降阻水体系，就是随剪切速率的增加，黏度不但不像常规降阻水那样降低，反而有相当幅度的增加，这对多簇射孔而言更为重要，原因在于如果某簇射孔进液较多，其孔眼处的剪切速率势必相对较大，则降阻水的黏度相应有一定幅度的增加，可以增加该射孔簇的降阻水进缝的黏滞阻力，因此可导致降阻水进缝体积的降低。其他射孔簇如进液少，剪切速率自然不高，则降阻水的黏度不但不增加，反而可能降低，因此可以继续保持原先的进液速度，甚至在高进液射孔簇因降阻水剪切自增稠效应引起的进缝排量降低后，迫使其他射孔簇排量有一定幅度的增加。总而言之，通过各个射孔簇排量的不同产生的黏度自调节效应，可确保各射孔簇排量基本均衡或接近均衡。当然，该项技术的关键是降阻水黏度随剪切速率增加而增加的敏感性程度，可通过分子结构设计达到该目的。

2. 从缝口到缝端的缝内多次暂堵与簇间暂堵的联作技术

常压页岩气要大幅度提高裂缝的复杂性程度，除了段内多簇裂缝均衡起裂与延伸形成的应力场干扰叠加效应外，段内多次暂堵技术至关重要。常规的一次暂堵还不能从根本上解决问题，而缝内的多次暂堵技术，尤其是从缝口到缝端依次实现的多次暂堵，可最大限度地提高裂缝的整体改造体积。原因在于从缝口开始形成的缝内暂堵，因裂缝的体积相对较小，在排量一定的前提下，主裂缝净压力积聚的速度较快，诱导应力传播的区域较大，且每个支裂缝因数量少而分配的排量及压裂液量较大，因此，每个支裂缝的延伸范围相对较大，可以最大限度地促使近井筒裂缝复杂性程度及改造体积的提升。通过加入小粒径支撑剂对上述支裂缝进行有效的充填，之后，确保缝口附近第一个暂堵胶塞破胶水化。然后再注入低黏度压裂液在上次暂堵的液体胶塞前再次造缝。由于上述支裂缝已被小粒径支撑剂有效充填，其滤失性相对较低，可由此确保后续造缝的低黏度压裂液快速运移到第一次暂堵位置之前。然后，多次重复上述暂堵、支裂缝延伸、小粒径支撑剂充填等工序，最终真正实现从缝口到缝端的多次暂堵及多尺度裂缝的饱充填目标。

在此基础上，再配合簇间暂堵技术(类似斯伦贝谢公司提出的宽带压裂技术)，在确保所有簇裂缝均衡或接近均衡起裂延伸的基础上，再实现每个裂缝复杂性程度的最大化，则段内裂缝的整体改造体积会得到极大程度的提升。

上述联作技术要真正同步实现起来具有较大的难度：一是缝内多次暂堵的位置不好精准控制；二是簇间暂堵具有一定程度的盲目性，暂堵球密度与压裂液密度的差异性导致其与压裂液的流动跟随性变差，因此，需要真正封堵的射孔簇可能并未完全封堵住，而不需要封堵的射孔簇反而可能被封堵住，最终造成簇间裂缝非均匀延伸程度的加剧。解决上述问题的唯一方法是采用与压裂液等密度的暂堵球，这样，进液量大的射孔簇会被优先封堵住，进而确保多簇裂缝的均衡或接近均衡延伸。

3. 新型支撑剂技术

一是采用自悬浮支撑剂或超低密度支撑剂，因不用担心支撑剂在水平井筒的沉降对后续下桥塞作业的砂卡风险，可以在大幅度提高支撑剂在远井纵向上支撑效率的同时，也可借此大幅度降低顶替液量，甚至可以实现与井筒容积相等的等量顶替作业。为了降低支撑剂的材料成本，可以采取自悬浮支撑剂或超低密度支撑剂尾追的方式，尾追的比例应在 20%～30%左右。考虑到前置的常规密度支撑剂已在裂缝底部形成沉降砂堤，砂堤上的过流断面相对较小，因此，尾追的超低密度支撑剂还可运移到裂缝的中远井地带，从而大幅度提高中远井纵向上支撑效率。

二是采用原位成形支撑剂。该支撑剂在早期就是压裂液，可完成常规压裂液同样的造缝功能。造缝任务完成后，可就地形成固体颗粒状支撑剂，特别是在大尺度裂缝中形成大粒径支撑剂，而在小微尺度裂缝中则形成小粒径支撑剂。因此，所有尺度的裂缝体积都可 100%转换为支撑的裂缝体积，即裂缝有效改造体积，这颠覆了常规压裂液及支撑剂压裂技术的理念。对于常压页岩气而言显得尤为重要，也规避了加砂压裂的砂堵问题。

4. 前置液阶段的微细支撑剂技术

前置液阶段的微细支撑剂与上述自悬浮支撑剂或超低密度支撑剂不同的是：①该支撑剂粒径更小，如 140-210 目，可以进入更细小的微裂隙中或水平层理缝中；②注入时机不同，它在前置液注入阶段就开始注入，由于粒径相对较小，可以顺畅地进入前置液形成的小微尺度裂缝中，而不会引起憋压或类似砂堵的压力快速上升迹象，且在此期间，因上述微细支撑剂对小微尺度裂缝的有效封堵，可较大幅度地提高前置液的造缝效率，进而利于快速提高主裂缝中的净压力及相应的多尺度裂缝的充分发育；③因粒径小，可适当提高砂液比进行施工，利于实现小微尺度裂缝的饱充填目的。因此，在压后返排及求产期间，上述微细支撑剂在小微裂隙中的充分支撑(因小微尺度裂缝的缝宽相对有限，壁面粗糙度对支撑剂影响大，微细支撑剂本身沉降速度就慢，加上壁面粗糙度影响，沉降更慢，也利于提高其在小微尺度裂缝中的纵向支撑效率)，还可大幅度提高压裂的稳产效果，可谓一举多得。

5. 井工厂多井同步压裂或拉链式压裂技术

井工厂压裂模式不仅是组织方式的改变，更多的是多井同时压裂时产生的多井多缝间诱导应力的叠加效应，远比单井压裂模式更能降低两向水平应力差，从而更利于形成复杂的裂缝系统及更大的裂缝改造体积。

1.8.2　常压页岩气压裂降本技术趋势

目前常规的压裂降本技术主要包括甜点及甜度评价技术(剔除无效或低效段簇)、平面射孔技术(降低破裂压力 30%以上，压裂设备需求降低 40%以上)、少段多簇技术、压裂液及支撑剂规模优化技术(剔除施工后期的低效阶段)、低浓度降阻水及胶液以及相应的返排液重复利用技术、石英砂部分替代陶粒支撑剂，以及井工厂多井同步压裂或拉链式压裂(由于中国独特的山地环境，只能进行一套压裂车组同时压裂两口井的拉链式压裂，由于施工效率的提高及液体重复利用等原因，造成单井成本的摊薄效应引起的降本效益)等。今后的降本趋势主要如下：

1. 重复压裂技术

因为不再钻新的水平井，所以老井重复压裂利用裂缝转向及多次转向等技术，沟通更多区域的页岩气，甚至可进行多次重复压裂实现最大限度的降本。考虑到第一次压裂时存在大量的老射孔眼及老裂缝，重复压裂时如采用笼统压裂方式，压裂液及支撑剂在水平井筒运移过程中，压裂液会逐渐滤失甚至完全滤失，此时压裂液运移前缘可能只到达水平井筒的中部某个位置。同样的，支撑剂在运移过程中因压裂液的逐渐滤失，支撑剂浓度越来越高，当压裂液滤失完后，支撑剂就原地堆积。即使投暂堵球压裂，因暂堵球的携带液也像压裂液那样滤失完毕，因此暂堵球也难以在预定位置产生暂堵效应。因此，需要应用水平井筒的再造技术，如水泥封堵所有的老射孔眼及近井老裂缝，等水泥凝固后再钻水平井筒中的水泥塞，然后进行通井和密封完整性试验。最后，再像第一次压裂那样下桥塞和射孔联作管串。

考虑到重复压裂前地层已生产很长一段时间，地层亏空相对严重，为增加造缝效率，可采用降阻水或胶液的泡沫压裂液，一来降低进入页岩地层的水相含量，二来因泡沫液同时具有降滤失及强悬砂性能，采用泡沫压裂液可一举两得。但因液柱压力低，井口压力可能有一定程度的上升。

2. 将少段多簇与平面射孔技术有机结合

即在少段多簇技术实施时，射孔方式由原先的螺旋式射孔改变为平面射孔，可以避免簇内多个裂缝的无序竞争及压裂液与支撑剂的低效注入施工。尤其是如前所述，平面射孔时多个孔眼同时在一条裂缝内进液延伸，单缝的净压力建立速度更快，缝间的诱导应力更强，再与段内多簇裂缝的相互诱导应力干扰的叠加效应，在同等的排量、施工规模及支撑剂量等条件下，因裂缝改造体积的增加，造成压后产量有一定幅度的提升。换言之，上述少段多簇与平面射孔技术的组合，压裂后的产出投入比可获得一定幅度的增加，折算到单位产气的成本降低，这也是降本的重要形式。

3. 多尺度裂缝系统同步实现高通道压裂的新技术

众所周知，高通道压裂技术通过段塞式注入模式及纤维伴注，实现支撑剂在裂缝内的"抱团"效应。通过此"抱团"的支撑剂形成的支撑剂柱子，可以强力支撑裂缝面，形成稳定的裂缝支撑结构，而支撑剂柱子之间是无支撑剂充填的流动通道，因无支撑剂的流动阻碍而可大幅度提高裂缝导流能力。此外，因支撑剂比例大幅度降低，压裂液与支撑剂混合的砂浆体系的进缝阻力也会大幅度降低，可减少压裂设备的水马力需求。因此，常规的高通道压裂技术不仅可降低压裂液及支撑剂用量(可降低40%以上)，还可降低压裂设备功率，降本增效(同时提高裂缝高导流能力)作用显著。

但对基质渗透率极低的常压页岩气而言，即使在主裂缝中真正形成了上述高通道裂缝，由于页岩基质向裂缝内供气能力太差，因此，压后初期产量可以有较大幅度增加，但产量递减快，难以获得经济开发价值。故对常压页岩气而言，不仅要形成主裂缝，还要形成主裂缝侧翼方向的支裂缝及与其有一定夹角连通的微裂缝等多尺度裂缝系统。为了维持长期的稳产效果，上述多尺度裂缝系统内还必须维持较高的裂缝导流能力方可奏效。显然，主裂缝中的高通道容易实现，关键是如何同时在上述支裂缝及微裂缝系统中实现高通道。考虑到支撑剂的密度比压裂液的密度要大得多，即使采用小粒径支撑剂也难以跟压裂液一道顺畅地进入对应尺度的裂缝系统中。除非采用与压裂液密度(支撑剂视密度)相当的超低密度支撑剂，但这种支撑剂成本太高，也不具现实可操作性。实际上可采用上述的从主裂缝缝口到缝端的多次暂堵技术，确保小粒径支撑剂顺畅进入各个支裂缝中。至于微裂缝，要实现上述多尺度裂缝的分级支撑难度极大。除非在上述支裂缝中也同样实现从支裂缝的缝口到缝端的多次暂堵，才能实现在微裂缝系统中更小粒径支撑剂的充分充填。

第2章 国内外常压页岩气地质及压裂特征

2.1 国外典型常压页岩气区带地质与压裂特征

美国在近 30 个盆地 4 大层系开展页岩气井开发, 7 个盆地实现了商业开发[1-7]。在所有页岩油气产区中, Marcellus 区块的页岩气产量独占鳌头, 且产量仍保持大幅增长态势, 2019 年 12 月已经占到了全美页岩气产量的 31.5%。

2.1.1 Barnett 页岩气地质及压裂井概况

1. Barnett 页岩气地质概况

Barnett 页岩为密西西比系页岩, 位于美国得克萨斯州北部的 Fort Worth 和 Permian 盆地, 横跨 25 个郡, 面积 $1.3 \times 10^4 \mathrm{km}^2$。

Fort Worth 盆地的 Barnett 页岩在宾夕法尼亚纪、古近纪和新近纪经历了明显的抬升和剥蚀, 并经历了三期热史: 第一期为宾夕法尼亚纪——二叠纪快速沉降和埋深时期; 第二期为晚二叠世——中晚白垩世, 该时期 Barnett 页岩一直处于高温状态, 在中白垩世埋深快速增大时期有过短暂的间断; 第三期以晚白垩世——古近纪的抬升和轻微超压为标志。盆地最大埋深、最大受热和最大生烃阶段都发生在二叠纪、三叠纪、侏罗纪和白垩纪。Barnett 页岩从晚宾夕法尼亚纪开始生烃, 在二叠纪、三叠纪和侏罗纪达到生烃高峰, 并一直延续到白垩纪末, 可能经历了幕式排气过程, 这些天然气主要来自沥青裂解, 其次是原油裂解。

Barnett 页岩的物源主要来自西部 Chappel 大陆架和南部的 Caballos、Arkansas 列岛。根据沉积构造、岩相、有机地球化学、生物群等区域对比研究, Fort Worth 盆地中部 Barnett 为深水斜坡-盆地沉积, 处于风暴底面以下的贫氧-厌氧带。Barnett 页岩沉积时的水深估计在 120~215m。Barnett 地层包括多种岩相, 主要为黏土-粉砂级沉积物。根据岩石矿物学、生物群和结构, 将 Barnett 页岩主要划分为三种岩相: 非层状-层状硅质泥岩、层状黏土灰泥岩(泥灰岩)和骨架泥质泥粒灰岩。其次, 在 Barnett 页岩中还可见多种次要的岩石类型、结核和硬灰岩地层。Forestburg 灰岩层段将 Barnett 页岩分为上下两部分, 上部和下部主要由各种硅质泥岩夹少量灰泥岩和骨架泥粒灰岩组成, 但 Barnett 页岩中的 Forestburg 层段全部由层状泥质灰岩组成[14,15]。

Barnett 页岩厚度自东北向西、向南逐渐变薄, 厚度从 160m 降至 60m, 埋深从 2550m 降至 1200m 及以下。Barnett 页岩上部为 Marble Falls 灰岩, 下部为与之呈不整合接触的 Ellenburger 组灰岩(图 2-1)。

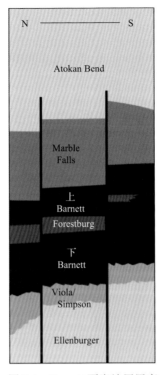

图 2-1 Barnett 页岩地层层序

主力产层下 Barnett 页岩中的硅质矿物、长石、黄铁矿较上 Barnett 页岩高。从岩石薄片上可见下 Barnett 页岩的颜色从褐灰色变为黑色，而且脆性增大，Barnett 页岩地层含有更多的硅质矿物或钙质矿物，硅质含量较高，占比为 35%～50%，黏土矿物较少，总含量小于 35%。在 Fort Worth 盆地的中部和东部地区，页岩厚度较小，一般小于 3m，磷酸盐矿物含量较高，部分区域含有黄铁矿。泥质丰富的层段有机质含量也较高，一般为 3%～13%。富含硅质层段有机质含量也较高，且为主要产层。岩石组分平均为：石英平均含量为 45%，伊利石(含少量的蒙脱石)为 27%，方解石和白云石为 8%，长石为 7%，有机质为 5%，黄铁矿为 5%，菱铁矿为 3%，及少量的铜和磷酸盐。总体上，Barnett 页岩中石英含量高，岩石脆性强，天然裂缝较发育，有利于储层改造[16]。通过水力压裂诱导可以产生复杂的裂缝网络，形成更大的泄流面积。

Barnett 页岩沉积初期有机碳含量(TOC)高达 20%，现今总有机碳含量为 3%～13%，平均 4.5%，为 I-II$_1$ 型干酪根。随着岩性的变化，有机质丰度也发生变化。在富含黏土的层段有机质丰度最高，地下样品的成熟度和露头样品的差别也较大。Barnett 页岩中有机质页岩和磷酸盐页岩中有机碳含量最高，TOC 平均为 5.0%，磷酸质页岩平均为 5.1%，明显高于含化石的页岩(TOC 为 3.8%)和白云质页岩(TOC 为 2.7%～3.2%)。Barnett 页岩中有机碳含量与岩石的颗粒密度具有负相关性，可以通过沉积物的颗粒密度推测页岩中的有机碳含量。Barnett 页岩埋藏深度相对较浅，一般为 1950～2550m，烃源岩厚度一般为 15～61m，演化程度相对较低，R_o 为 1.0%～1.4%，处于成熟阶段。Barnett 页岩由东向西成熟度降低，烃类由生成干气—油气混合—油变化。油区主要分布在盆地北部和西部成熟度较低的区域,R_o 为 0.6%～0.7%;在气区和油区之间是过渡带,既产油又产湿气,R_o 为 0.6%～1.1%。干气区主要分布在盆地东北部和冲断带前缘,这些地区埋藏较深,成熟度较高。

　　Barnett 页岩中存在许多粒内孔,可能是在干酪根热解生成油气的过程中产生的(图 2-2),与主要断层相邻的基质孔隙有部分被方解石充填。Barnett 页岩气生产区的平均孔隙度为 3%～6%,而非生产区的孔隙度低至 1%。Barnett 页岩的裂缝主要为天然缝,且多数裂缝被方解石全部或部分充填。有机质类型及成熟度、有机质丰度、热成熟度和埋藏史对 Barnett 页岩的油气分布、饱和度及生产能力等都有较大影响。页岩气生产区富含有机质的 Barnett 页岩平均含水饱和度为 25%～43%,在有机质含量较低的部分地层中,含水饱和度会大大增加。这是因为在富有机质页岩地层的生烃过程中会损耗水,使地层变干。绝大多数水被束缚在黏土矿物中,以及因毛细管力束缚在微孔隙和天然裂缝中。因有机质含量较高,Barnett 页岩被认为稍微偏油湿性,因此压裂后返排率较高,在 Newark East 气田的一些地区返排率达到 60%～70%。

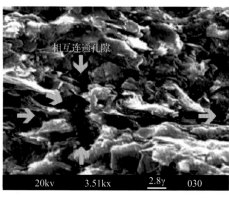

图 2-2　Barnett 页岩孔隙及孔隙通道 SEM 图像

　　Barnett 页岩基质渗透率跨度较大,渗透率高值范围在 0.02～0.10mD,低值范围在 0.0005～0.00007mD,甚至达到纳达西范围。影响地层渗透率的地质因素比较复杂,主要取决于天然裂缝发育程度、断层发育规模及地应力大小。Barnett 页岩含气饱和度大约为 70%～80%,气体主要储存在孔隙、微裂缝及吸附在固体有机质和干酪根上[17]。吸附气含量为 20%～60%,与地层压力系数有关。Barnett 页岩地层压力系数大致为 1.02～1.18MPa/100m。在生干气窗 Barnett 页岩的含气饱和度可以达到 75%。气体储存在孔隙和微裂缝中,吸附在固体有机质和干酪根上。生烃过程会使页岩产生微裂缝,并且略微超压。Barnett 页岩的非均质性较强,以 Barnett 页岩气开发核心区为例(Deton、Wise 和 Tarrant 地区),储层深度为 1500～2400m,平均深度为 2300m,厚度范围为 30～150m,

TOC 为 4%～8%，热成熟度为 0.08%～2%，孔隙度为 3%～5%，渗透率为 70～500nD，含气量为 2.8～8.5m³/t，参数区间范围较大。

2. Barnett 页岩气压裂概况

20 世纪 70 年代，美国的经营者对东部泥盆纪页岩气开发中曾采用裸眼完井、硝化甘油爆炸增产技术来提高天然气的采收率；80 年代，使用高能气体压裂以及氮气泡沫压裂，使得页岩气产量提高了 3～4 倍。进入 21 世纪后，水力压裂、重复压裂等新技术的运用与推广，极大地改善了页岩气井的生产动态与增产作业效果，页岩气单井产量增长显著，极大地促进了页岩气的快速发展。

在 20 世纪 80 年代以前，Fort worth 盆地的 Barnett 页岩并不是勘探目的层，但是 Barnett 页岩中丰富的天然气显示和意外的小规模产量引起了 Mitchell 公司的兴趣。在 1981～1990 年仅完钻了 100 口井，该公司将主要的精力集中在如何更有效地在 Barnett 页岩中完井，以及如何提高采收率，1998 年在完井技术上取得了重大突破，用水基液压裂代替了凝胶压裂，对该气田较老的 Barnett 页岩气井（特别是 1990 年底以前完成的气井）重新实施了增产措施，极大地提高了产量，增幅有时可达两倍甚至更高，在很多情况下对老井重新采取重复压裂可使产量超过初始产量，增产措施在某些不具经济价值的井也获得了成功[18]。

从 2002 年开始，Devon 能源公司开始钻探试验水平井。这些井都获得了极大成功，水平井技术的广泛应用，使 Barnett 页岩气产量出现了稳步快速增长的大好局面。

Fort Worth 盆地 Barnett 页岩气藏的开发先后经历了直井小型交联凝胶或泡沫压裂、直井大型交联凝胶或泡沫压裂、直井降阻水压裂与水平井水力压裂等多个阶段。在水平井段采用分段压裂，能有效产生裂缝网络，提高最终采收率，同时节约成本。最初水平井一般采用单段或两段，目前平均每口水平井压裂段数达到 15 段以上。水平井多段压裂技术的广泛运用，使原本低产或无气流的页岩气井获得工业价值成为可能，极大地延伸了页岩气在横向与纵向的开采范围，是目前美国页岩气开发最关键的技术[19]。

当开采进入产量递减阶段时，需要再次采取增产措施以提高采收率。重复压裂就是在老井中再次进行水力压裂，直井中的重复压裂可以在原生产层再次射孔，重建储层到井眼的线性流，恢复或增加生产产能，注入的压裂液体积至少比其最初的水力压裂多 25%，可采储量增加 60%，采收率增加 30%～80%。美国天然气研究所（GRI）研究证实，重复压裂能够以 0.02 元/m³ 的成本增加储量，远低于收购天然气 0.13 元/m³ 或开发天然气 0.17 美元/m³ 的平均成本。得克萨斯州 Newark East 气田 Barnett 页岩新井完井和老井采用重复压裂方法压裂后，页岩气井产量与评估的最终可采储量都接近甚至超过初次压裂时期。

2006 年，同步压裂技术开始在 Barnett 页岩气井完井中实施，作业者在相隔 152～305m 范围内钻两口平行的水平井同时进行压裂，增产效果显著。同步压裂可增加水力裂缝网络的密度及表面积。目前已发展成三口井甚至四口井同时压裂，采用该技术的页岩气井短期内增产非常明显。

页岩气压裂常用压裂液包括 CO_2 和 N_2 泡沫压裂液、交联压裂液、表面活性压裂液、降阻水压裂液和不同的混合压裂液。尽管气体和泡沫压裂液对于页岩似乎是理想的压裂液，但是相比降阻水压裂获得的产量较差，主要是由于降阻水可以进入并扩大页岩天然裂缝体系。泡沫压裂液有较高的黏度和贾敏效应，可以很好地降低天然裂缝内的滤失。氮气压裂和二氧化碳压裂能够进入页岩的结构内，然而气相携砂能力弱，裂缝导流能力得不到保证。Barnett 页岩最初采用交联压裂液或者泡沫压裂液，直到 1999 年 Nick Steinsberger 使用降阻水压裂为 Mitchell Energy 公司带来高经济收益（成本降低 35%），降阻水压裂才得到广泛重视及应用。

研究及实践表明，对 Barnett 中浅层页岩气来说不同特性的石英砂就可保证裂缝的导流能力，一般采用 100 目、40/70 目、30/50 目。对于埋藏较深的中深层页岩气储层来说，石英砂在高应力下破碎比较严重，裂缝导流能力得不到保证，因此一般选用高强度的支撑剂，如覆膜砂、覆膜陶粒等[20]。

在 Barnett 页岩的压裂设计中要考虑通过储层的上下压裂隔挡层来控制缝高，使压裂的能量不会从页岩层中传导出去，否则会降低压裂的效率，并且利用隔挡层阻止诱导裂缝穿透至附近的水层。Barnett 页岩下部的 Ellenburger 组灰岩中的地层水如果侵入到 Barnett 页岩中，会对生产带来很大的问题，大大降低页岩气井产量。一般优化的段间距为缝高的 1.5 倍，可以减小裂缝干扰。为了避免形成多条相互干扰的裂缝，射孔簇长度小于 4 倍的井筒直径，即小于 1.3m；射孔孔密为 18～22 孔/m；采用定向射孔，相位角为 60°。Barnett 页岩气井典型的降阻水压裂用水量为 2275～27300m³（高值为水平井用量），压裂液中添加降阻剂，支撑剂用量为 36～450t（高值为水平井用量），泵排量为 7.6～16m³/min。返排时间短的需要 2～3 天，长的会一直持续到整个井的生产周期结束，返排率一般为 20%～70%。

Barnett 页岩是世界上第一个成功开发的页岩气藏，先后经历了以下不同完井方法。

1）不固井、裸眼单级压裂方法

早期在水平井中下入套管，不进行水泥固井，3～4 个射孔段，射孔数有限。压裂液可以沿套管与裸眼之间的环空自由流动，在水平段的任何地方都可以起裂，随机性强，有些井只在一个点产生裂缝。

2）衬管固井、限流量压裂方法

该方法为最早在 Barnett 页岩中采用的套管固井方法，调整限定流量，要求排量高，裂缝随机起裂。与早期的试验方法比较，裸眼较衬管固井产量和采收率更高。

3）衬管固井、多级压裂方法

典型的完井方法包括水平井衬管固井以及桥塞和射孔压裂，射孔和压裂后采用电缆泵入或连续油管坐封桥塞实现机械封隔。压裂完成后采用连续油管钻除桥塞。方法虽然有效，但连续油管多次使用、每级压裂施工射孔枪、压裂设备的费用都很高，耗时长。水泥固井使许多天然裂缝被堵塞。

4）不固井、裸眼多级压裂方法

2004～2006 年出现的新方法，采用水力坐封机械式管外封隔器，可膨胀的胶筒替代了水泥起到隔离作用，滑套机构在封隔器之间可以产生开孔，不需射孔（图 2-3）。这些工具可通过液压或投球进行操作。在可隔离段与段之间，不需要桥塞。一趟管柱即可完成所有压裂施工，不需要钻塞，节约时间和费用。

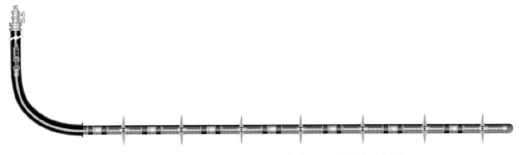

图 2-3 Barnett 页岩气裸眼水平井多级压裂方法示意图

Barnett 页岩气井通常第一年产量递减 50%，一般在生产 5 年后要进行重复压裂，以提高单井产量和估算的最终采收率(estimated ultimate recovery，EUR)。重复压裂的综合方法包括一套含转向剂的压裂液、无工具的裂缝转向技术和实时裂缝监测。转向液包含多种成分的混合液，含有暂时堵塞裂缝、使液体流动转向和在原地及井筒附近诱导产生新裂缝的可降解材料。压裂期间实时诊断技术用于确定水平段压裂液与储层接触以及泵入的转向塞情况，以确保获得最大的水平泄流面积。该方法不需要成本较高的干预技术，并且可以实时优化压裂施工。在产量递减预测的基础上，预计 6 个月内即可收回投资，而且在 20 年以上的生产周期内，单井 EUR 预计增加 20%。

以一口典型重复压裂井为例，该井初产约 $6.2 \times 10^4 m^3/d$，4 年后产量递减至低于 $1.4 \times 10^4 m^3/d$。通过原始储层改造的微地震监测结果，发现可以通过重复压裂沟通更多储层。初次压裂分 5 个射孔段，重复压裂时，新增了 4 个射孔段，以此改进压裂注入情况和井筒泄流面积。最终 9 个射孔段沿 600m 水平段的间隔平均约 80m。重复压裂后该井的初始气产量提高到 $4.5 \times 10^4 m^3/d$(图 2-4)，估算的最终可采储率(EUR)增加了 20%。

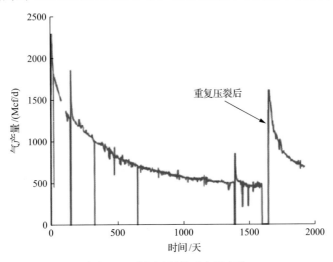

图 2-4 重复压裂前后产量变化

1Mcf=28.317m³

页岩气井实施压裂改造后，需要有效的方法来确定压裂作业效果，获取压裂诱导裂缝导流能力、几何形态、复杂性及其他信息，从而促进页岩气藏压裂增产措施调整，提高改造效果。推断压裂裂缝几何形态和产能的常规方法主要包括利用净压力分析进行裂缝模拟、试井以及生产动态分析等间接方法；利用地面、井下测斜仪与微地震监测技术结合的裂缝综合诊断技术，可直接测量裂缝网络的规模，评价压裂工艺的效果。

Fort Worth 盆地 Barnett 页岩的开发充分说明直接及时的微地震描述技术的重要性，运用该技术认识到天然裂缝和断层对水力压裂裂缝延伸及储层产能的影响，提高了压后评价效果。

2.1.2 Marcellus 页岩气地质及压裂井概况

1. Marcellus 页岩气地质概况

美国 Marcellus 页岩气田是目前世界上最大的非常规天然气田之一，位于东部 Appalachian 盆地，横跨纽约州、宾夕法尼亚州、西弗吉尼亚州及俄亥俄州东部。Marcellus 页岩是富含有机质的黑色沉积岩，形成于中泥盆纪(约 350Ma 前)的一个浅内陆海，其埋深为 1200～2600m，平均厚度为 15～61m，延伸面积达 24.6×10^{4}km^2。美国地质调查局(USGS)2002 年的评估显示，Marcellus 页岩气田的可开采量为 538×10^{8}m^3，2006 年的评估报道其可开采量达 8778×10^{8}m^3。Marcellus 页岩气的地质储量多达 42.47×10^{12}m^3。占整个 Appalachian 盆地的 85%以上，其可开采量约为 7.42×10^{12}m^3。最新评估报告显示，Marcellus 页岩气的可开采量为 13.85×10^{12}m^3，可供全美 20 多年的天然气消费。

Marcellus 页岩气田的第一口钻井完成于 1880 年，位于纽约 Ontario 郡的 Naples。宾夕法尼亚州的第一口 Marcellus 页岩气钻井位于华盛顿郡的早志留世 Rochester 页岩区。由 Range Resources 公司于 2003 完成，直至 2005 年才开始开采页岩气。截至 2009 年 3 月，宾夕法尼亚州已完成的 Marcellus 页岩气井达 501 口。宾夕法尼亚州环境保护部(DEP)油气管理局网站的数据显示，2009 年该州共完成 Marcellus 页岩气井 768 口，2010 年 1 月新增 71 口。根据西弗吉尼亚州的 Marcellus 页岩气井数的统计和估计，美国能源部预测 Marcellus 页岩气可开采量在 2.83×10^{12}～4.25×10^{12}m^3。

Marcellus 页岩厚度为 15～61m，自西向东厚度增大，宾夕法尼亚州东北部厚度最大。Marcellus 页岩顶部深度 914～259lm，平均深度超过 1524m，自盆地西北部向东南部逐渐加深，在宾夕法尼亚州南部和西弗吉尼亚州东南部深度最大。Marcellus 组地层压力异常，异常高压和异常低压同时存在，低压区域分布于盆地东南部，压力向东北部增大[21,22]。

Marcellus 页岩气藏压力范围为 2.8～28MPa，地层具有轻微超压特征，在 Appalachian 盆地北部区域尤为明显。在 Marcellus 页岩气藏的核心区，压力梯度范围在 1.04～1.15MPa/100m。Marcellus 页岩在西弗吉尼亚州西南区域的地层变为欠压地层，Wrighstone 的研究给出了西弗吉尼亚州西南区域的页岩压力梯度为 0.23～0.45MPa/100m，西弗吉尼亚州中心部位 Marcellus 页岩的压力梯度为 0.45～0.79MPa/100m。

Marcellus 页岩微裂缝发育，构成主要的孔隙类型，页岩孔隙度达到 10%。Marcellus 页岩发育粉砂岩夹层，不仅增加了储集空间，还提高了储层侧向渗透率。Marcellus 页岩渗透率范围为 0.13～0.77mD，平均渗透率为 0.363mD。Marcellus 页岩孔隙度主要由两个部分组成：粒间孔隙和裂缝，其中粒间孔隙主要是指粉砂岩、黏土颗粒和有机质中的基质孔隙，平均孔隙度范围在 6%～10%。

Marcellus 页岩有机质丰度较高[23]，TOC 为 3%～11%，平均为 4.0%，TOC 含量自西向东增大，纽约州平均 TOC 为 4.3%，宾夕法尼亚州 TOC 为 3%～6%，西弗吉尼亚 TOC 平均为 1.4%。Marcellus 页岩干酪根为 II 型，其 R_o 为 1.5%～3%，自西向东增大，成熟度最高地区为宾夕法尼亚州东北部和纽约州东南部，有机质处于高成熟和过成熟阶段，生成的天然气为热成因气。

2. Marcellus 页岩气压裂概况

Marcellus 页岩气藏典型页岩气直井压裂用水 3000m³，113t 支撑剂。水平井压裂用水量超过 18000m³，支撑剂用量为 113～340t，泵入排量为 4.77～15.9m³/min。Marcellus 页岩气藏水平井通常实施 4～8 段压裂措施，典型的压裂施工流程如下[24]：

(1) 酸化阶段，压裂液为水和稀释酸(盐酸)的混合物，主要目的是清理井筒内部的水泥残留碎片，溶解近井地层碳酸盐矿物，从而开启部分裂缝。

(2) 利用大量降阻水开启地层达到降阻目的，降阻水还能够辅助支撑剂进入裂缝网络中。

(3) 利用大量降阻水携带较低浓度细粒支撑剂进入地层。

(4) 泵入粗粒支撑剂。

(5) 利用清水清除井筒附近的支撑剂。

Marcellus 页岩气井压裂措施中压裂液常用的添加剂包括以下几种。

(1) 杀菌剂(消毒剂)，用于抑制井筒内部可能干扰压裂措施的细菌的增长，杀菌剂的主要成分包括溴基溶液或戊二醛。

(2) 阻垢剂(如乙二醇等)，用于抑制某些碳酸盐和硫酸盐矿物的沉淀。

(3) 稳定剂(如柠檬酸、盐酸等)，用于抑制铁化合物沉淀，保持铁离子处于溶解状态。

(4) 降阻剂(如氯化钾、聚丙烯酰胺化合物等)，用于降低井筒内压裂液流动的摩阻从而降低泵入压力。

(5) 缓蚀剂(如二甲基酰胺等)和除氧剂(如亚硫酸铵等)，用于减少井筒套管的腐蚀。

(6) 胶凝剂(如瓜尔豆胶等)，少量应用以增加压裂液黏度，从而提高压裂液的携砂能力。

(7) 交联剂，特定情况下使用以增加胶凝剂的性能，从而提高压裂液的携砂能力，主要成分包括硼酸或乙二醇等。压裂措施过程中使用交联剂时，通常在后期加入破乳剂以防止压裂液返排携带大量支撑剂。

Marcellus 页岩气藏直井初期产气量一般小于 $2.8×10^4$m³/d，水平井初期产气量在 4×

$10^4\sim25\times10^4\text{m}^3/\text{d}$。Engelder 给出了 Marcellus 贝岩气藏在宾夕法尼亚州地区 50 口水平井的平均初始产气量为 $11.9\times10^4\text{m}^3/\text{d}$。直井最终可采储量为 $495\times10^4\text{m}^3$，水平井的最终可采储量为 $0.17\times10^8\sim1.10\times10^8\text{m}^3$。图 2-5 为 Marcellus 页岩气藏水平井典型生产曲线，水平井初期产量 $12.18\times10^4\text{m}^3/\text{d}$，第一个月的平均日产气量为 $10.48\times10^4\text{m}^3/\text{d}$，第一年累计产气量 $0.19\times10^8\text{m}^3$，5 年累计产气量 $0.44\times10^8\text{m}^3$，10 年累计产气量 $0.60\times10^8\text{m}^3$，单井 EUR $1.06\times10^8\text{m}^3$，平均勘探成本为 0.04 美元/m^3，单井成本为 350×10^4 美元。生产 10 年，单井日产气量由初期的 $12.18\times10^4\text{m}^3/\text{d}$ 递减至 $0.7\times10^4\text{m}^3/\text{d}$，前三年产气量的年递减率分别为 78%、35% 和 23%，生产后期产气量年递减率稳定在 5%～8%。

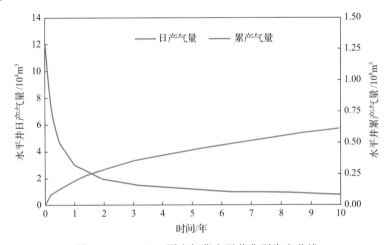

图 2-5 Marcellus 页岩气藏水平井典型生产曲线

Marcellus 地区页岩气单井压裂用水量在 15000～34000m^3 不等，水资源量消耗巨大[25,26]。页岩气井的压裂液返排率在 30%～70% 不等，废水量巨大，如果管理不善会对环境造成极大的危害。Marcellus 气田采出水管理实践随管制政策的改变和页岩气工业的增长发生变化，2008～2011 年，由于地下灌注和市政污水处理处置页岩气采出水的局限性，近年来，Marcellus 气田采出水处置转向回用。研究结果显示，返排液回用比例从 2008 年的不到 10% 上升到 2012 年的 90%。从运营商的角度看，回用废水也是极具吸引力的，因为回用废水减少了页岩气开采的花费，包括减少废水其他处理、减少淡水需求和运输上的花费。

2.1.3 Fayetteville 页岩气地质及压裂井概况

1. Fayetteville 页岩气地质概况

2002 年，西南能源的一小队勘探者确定阿肯色州 Arkoma 盆地 Wedington 砂岩油藏产出的天然气远多于常规分析所能合理解释出的天然气量。进一步调查显示，这块砂岩直接覆盖在 Fayetteville 页岩上，并且研究小组推测，这块富含有机质的页岩更有可能对 Wedington 天然气的产量作出贡献。研究小组开始对烃类系统进行近一年的研究，同时得出结论：Fayetteville 页岩显示出与得克萨斯州产的 Barnett 页岩相似的岩石和流体性质。

在 2003 年初发起了一项积极的租赁活动，并且于 2004 年在位于 Wedington 气田以东约 112.65km 的 Thomas#1-9 探井（图 2-6）实现了成功钻完井。后期进一步的勘探和开发证实了大量意想不到的天然气储量新来源。

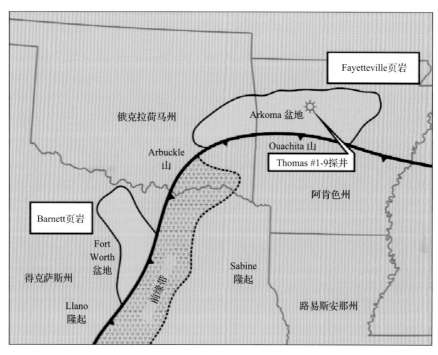

图 2-6　Fayetteville 页岩 Thomas#1-9 探井的位置

Fayetteville 页岩是一个非常规页岩气区块，横跨阿肯色州北部，从该州的西部边缘贯穿阿肯色州中北部[27]。它是属于密西西比纪的页岩，在地质上相当于 Barnett 页岩。整个气田的页岩厚度为 15.24～167.64m，深度为 457.2～1981.2m。美国西南能源的现有面积约为 3706.92 km^2（图 2-7），并在 2010 年生产页岩气 99.1×10^{8}m^3。

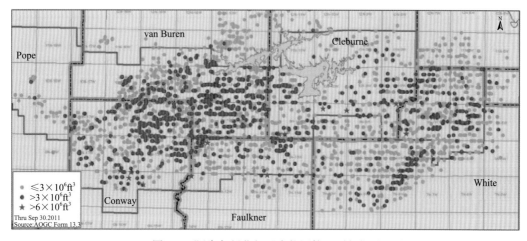

图 2-7　阿肯色州北部西南能源核心面积位置

Fayetteville 页岩储层被细分为二个主要层段：上 Fayetteville、中 Fayetteville、下 Fayetteville[28,29]。

上 Fayetteville(UFAY)由具有高气体孔隙度的页岩条带组成。存在大量的高导流能力且不易闭合的裂缝。存在几个具有较低压力梯度的区域(最小水平应力除以垂深 TVD)，表明在较低的施工压力下这些区域可以被改造。压力梯度与黏土矿物含量的相关性反映了岩性对力学性质的重要影响。

中 Fayetteville（MFAY）具有较高含量的伊利石和伊利石-蒙脱石(I/S)混合物，因此具有较高的压力梯度和较低的气体孔隙度。它还可能起到一个裂缝遮挡的作用。

下 Fayetteville(LFAY)分为三个区：LFAY、FL2 和 FL3，以 FL2 为主要目标层段。FL2 在这三个层段中黏土含量最低、气体孔隙度最高。在整个 Fayetteville 页岩层段，中子密度交叉点表明储层品质良好，通常伴有高气体孔隙度、低黏土含量和低压力梯度的特点。天然裂缝(包括开启和填充型)出现在整个下 Fayetteville 层段。Fayetteville 下部是 Claystone（CLST）、Hindsville（HIND）和 Morefield（MFLD）层段(图 2-8)。

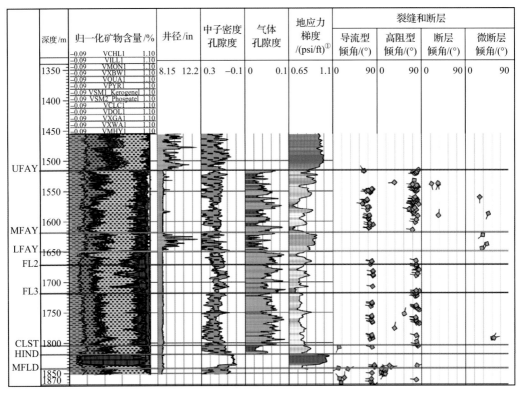

图 2-8　岩石物理和应力数据举例

1psi/ft=22.62kPa/m

2. Fayetteville 页岩气压裂概况

最初，Fayetteville 页岩中的井是垂直钻进的，采用 8 1/2″钻孔直径和 4 1/2″的套管。传统的固井方法适用于 Fayetteville 页岩上部 152.4m 以上的区域。Fayetteville 页岩的直井在技术层面上很成功，尽管它们通常是不具有经济性的，但证明了这个区块开发理念的正确性。2005 年，钻进的 13 口水平井标志着该区块开发下一阶段的开始。这些早期水平井采用 7″技术套管和 4 1/2″生产套管。随着水平段长度的增加，生产套管变成了 5 1/2″套管，以消除沿 4 1/2″套管所产生的与压裂中高流速相关的附加摩阻损失。在早期开发中，裸眼封隔器系统(OHPS)试验采用的也是 7″技术套管和 4 1/2″系统。在作业时，OHPS 仅适用于 4 1/2″或者更小的尺寸，并且可用的封隔器的数量有限。随着技术的发展，5 1/2″OHPS 已投入使用，但仍然受限于每个水平段的压裂级数。图 2-9 显示了 Fayetteville 页岩中当前的井身结构。

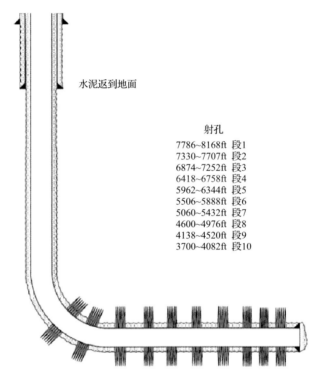

水泥返到地面

射孔
7786~8168ft 段1
7330~7707ft 段2
6874~7252ft 段3
6418~6758ft 段4
5962~6344ft 段5
5506~5888ft 段6
5060~5432ft 段7
4600~4976ft 段8
4138~4520ft 段9
3700~4082ft 段10

图 2-9　Fayetteville 页岩一口典型水平井的井筒示意图

1ft=0.3048m

从 2004 年 Fayetteville 页岩的发现到 2010 年 12 月 31 日西南能源(SWN)已经钻成 2445 口井。仅在过去三年中，SWN 在 Fayetteville 页岩中钻出 1832 口井(2010 年 658 口井，2009 年 570 口井，2008 年 604 口井)。这个巨大的资源基地提供了一个规模经济开发 Fayetteville 页岩的机会。Barnett 页岩中的作业人员所记录的探索经验为 Fayetteville 早期的实践提供了基础。Fayetteville 页岩在短短 5 年的时间里从一个新区块变为一个生产超过 $7080 \times 10^4 m^3$ 的“机器”(图 2-10)。值得注意的是，尽管页岩气实现商业开发具有很大的挑战性，但 Barnett 页岩在勘探和开发方面还是率先获得了突破。如果天然气价格能够标准化，取得进展的相对时间可能会进一步压缩[30]。

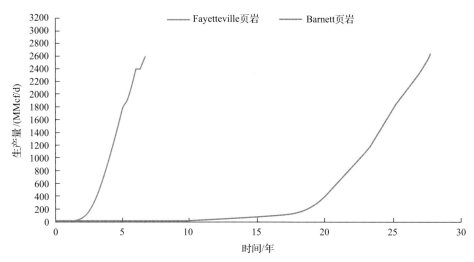

图 2-10　Fayetteville 页岩生产情况与 Barnett 页岩的对比

1MMcf=2.832×10⁴m³

　　在早期完井中，从 2005 年到 2006 年初，直井在勘探中占主导地位，而完井问题主要集中在技术可行性上。利用这些直井，在 91.44m 厚的页岩层段进行了完井尝试，并确定了理想的靶点位置。建模模拟出的裂缝半长大约为 152.4m，导流能力约为 45.72mD·m。在常压及压力略低的地层中，选择氮气辅助压裂设计。这种流体选择使地层水敏性的影响最小化，并减少了压裂后要回收的水量。图 2-11 总结了 Fayetteville 页岩勘探开发过程中一些重要的里程碑事件。

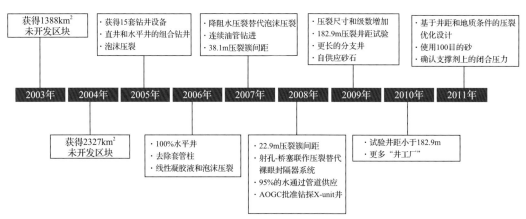

图 2-11　Fayetteville 页岩勘探开发过程中一些重要的里程碑事件

　　在 2006 年初完成了向水平井井型的完全转变。水平段长度从 304.8m 到 762m 不等，并且开始用降阻水和交联压裂液进行试验。完井方式采用射孔-桥塞联作和裸眼封隔器系统两种形式。射孔簇间距为 45.72～60.96m，而段长为 91.44～121.92m。压裂设计采用了新的压裂液体系，裂缝半长可达 152.4m。这些新设计中所需要的支撑剂是每个射孔簇 29.48t。液体体积随压裂液类型而不同，但支撑剂体积在每簇上的量保持恒定。

在 2007 年井数开始显著增加，而降阻水压裂施工证明是最有效的解决方法。每级的射孔簇数增加到 4 个，簇间距减小到 38.1m。每个射孔簇的液体体积范围为 318～397.5m³。

随着每口井水平段长度的增加，性能指标持续改善。通过固井套管和射孔-桥塞联作完井的降阻水压裂被证明是最可靠和经济的解决方案。图 2-12 是对裸眼封隔器系统和射孔-桥塞联作完井的固井水平段效果所做的比较分析。

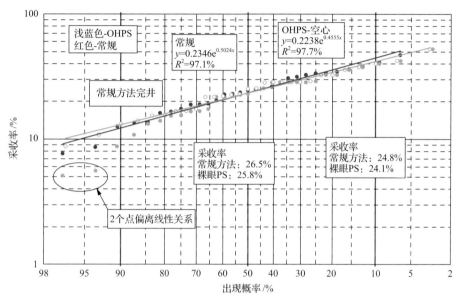

图 2-12　射孔-桥塞联作和裸眼封隔器的概率分析

由于整个气田只有 407 口井实施了完井作业，2008 年开始补充更多的开发井，同时继续进行降阻水压裂现场试验。继续成功进行减少射孔簇长的尝试，并且簇间距为 22.86m 已经成为了标准。每段的射孔簇数从 4 簇增加到 6 簇，但是随着簇间距的减小，每个压裂段的裂缝长度平均达到了 137.16m。每个射孔簇的液量和砂量保持恒定。然而，簇数的增加几乎使每口井的规模需求增加了一倍。现场试验进一步探索液体体积、排量和砂量的优化。

进入 2009 年，开发人员逐渐意识到气田区域的甜点及完井方式可能因地区而异，并且建立了 22.86m 的射孔簇间距和每簇 397.5m³ 液体的标准或基准设计。每簇中支撑剂的总质量保持在 29.48t，但支撑剂的类型也从 100% 的 40-70 目变为含量高达 50% 的 100 目和 50% 的 40-70 目。2009 年底，一个 SWN 支撑剂处理厂开始供应 100 目和 30-70 目的支撑剂用于完井。

2010 年，为了减少完井成本和节省时间，进行了许多设计上的改进。在过去，所有的井都使用刮刀钻头钻进和水泥胶结测井。而现在，这些技术仅被用于那些固井或套管可能有问题的井。套管接箍位置测井也应用在所有的井工厂上，以定位每个井中唯一的标记接头，这就确保了井筒被实施改造的有效性。当没有此类施工风险时，就可以取消套管接箍位置的测井。射孔簇间距从 22.86m 增加到 24.38m 以减少总压裂级数。

正如在许多页岩区块需要大型压裂增产作业一样，水的可利用性一直是 Fayetteville

页岩开发中所关注的问题[31,32]。自 2010 年以来,完井团队已经做了一些努力来减少在改造中使用的水量。在现场试验的基础上,前置液体积从总泵入液体量的 25%减少到 10%,这个比例仍然有待评估。同时,每个段的簇数从 5 簇增加到 6 簇,可使每口井减少一个压裂段。

2011 年,开始广泛应用离散裂缝网络模型(DFN)进行压裂设计。为了提高裂缝复杂性和储层改造体积(SRV),对传统的加砂方式(如双坡度加砂和单坡度加砂)进行了改进。正在测试的新方法中砂浓度达到了最大 479.2kg/m³,在每个坡度之间用 63.6~79.5m³ 降阻剂进行顶替。随着部分井距从 182.88m 减少到 121.92m 和 91.44m,DFN 建模有助于理解工作区大小如何影响裂缝长度和裂缝复杂性。标准的裂缝长度为 182.88m。根据模拟结果,可以通过减小作业区大小以适应 91.44m 或 121.92m 的裂缝长度。对于间距 121.92m 的井,流体和支撑剂体积减小了 15%;而对于间距 91.44m 的井,流体段支撑剂体积进一步减少了 25%。在有些井距较窄的井上,利用微地震、化学和伽马放射示踪剂以及作业后的模拟来量化实际产生的裂缝长度,以便可以进一步优化增产设计。

随着区块更多地向全气田开发方向发展,Fayetteville 页岩采用合适的钻探设备在同一井工厂上连续钻井。多井的井工厂开发为有效的完井作业提供了机会。压裂阶段的完井作业主要是采用"拉链"式压裂的连续作业,即两口井同时进行水力压裂,保持相同的进度。

Fayetteville 页岩的水力压裂作业每周进行 7 天,每天进行 24h,在项目开始时,压裂作业从周一开始,平均每天压裂 2~3 段。SWN 租用了 4 个 24h 制压裂机组和 1 个 12h 制压裂机组。24h 工作制的业绩记录提高了效率,也使需要的服务公司数量减少,各种类型的健康、安全和环境问题也明显减少。如图 2-13 所示,过去四年中的每一年中,在压裂机组基本没有变化的情况下,完成了更多的完井施工和更多的压裂段。图 2-14 为 Wood,Mark 井工厂连续施工的照片,有两个 24h 制压裂机组同时在一个 8 口井的井工厂上完井。

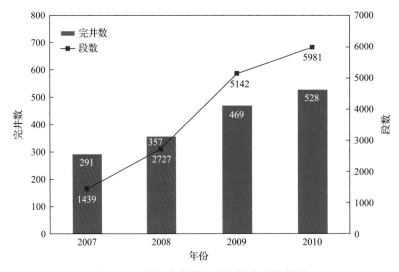

图 2-13 每年完井数和阶段性完成的数量

图 2-14　Wood, Mark 井工厂现场施工图

　　2010 年，西南能源公司参与钻成 658 口井，而 2005 年只有 67 口。2010 年底，Fayetteville 页岩区已探明的天然气净储量总计为 $1220×10^8m^3$，高于 2005 年底的 $29×10^8m^3$（图 2-15）。2010 年，平均初始产量(IP) 约为 $9.63×10^4m^3/d$，2011 年 6 月，Fayetteville 页岩的日产量大约有 $5100×10^4m^3/d$（图 2-16）。自 2004 年以来，已钻了 2000 多口措施井，基于井距分析结果，今后亦会部署上千口井进行钻井及压裂作业。

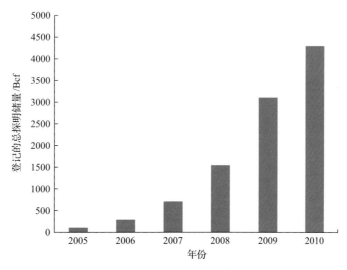

图 2-15　Fayetteville 页岩区登记的总探明储量

$1Bcf=2.832×10^7m^3$

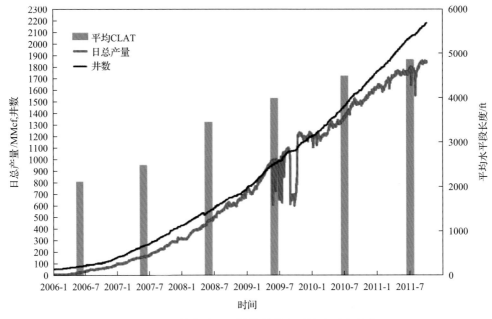

图 2-16　日总产量、累计钻井数和平均水平段长度

2.2　国内典型常压页岩气区带地质与压裂特征

常压页岩气在中国南方广泛分布，是页岩气勘探开发的主要类型，资源潜力大，前景广阔。中国常压页岩气主要分布在湖北宜昌及鄂西地区、四川盆地周缘及盆外等南方地区，可采资源量高达 $9.08 \times 10^{12} m^3$。

四川盆地及周缘志留系页岩分布面积 $15.8 \times 10^4 km^2$，埋深小于 3500m 分布面积 $8.2 \times 10^4 km^2$，其中常压页岩气面积 $6.2 \times 10^4 km^2$，地质资源量 $19.8 \times 10^{12} m^3$，占 75.6%；寒武系常压页岩气面积 $22.4 \times 10^4 km^2$，地质资源量约 $40.3 \times 10^{12} m^3$，埋深 1500～3500m 面积为 $9.5 \times 10^4 km^2$，地质资源量约 $17.1 \times 10^{12} m^3$。

目前，常压页岩气勘探主要分布于四川盆地外部齐岳山断裂以东雪峰山推覆带以西的湘鄂西-武陵褶皱带等地区。龙马溪组页岩地层压力系数分布如图 2-17 所示。齐岳山断裂以西四川盆地内部龙马溪组的地层压力系数为 1.2～2.0，以超压页岩气为主；齐岳山断裂以东四川盆地外部彭水-武隆地区以常压页岩气为主，地层压力系数为 0.8～1.2[33-35]。

大彭水地区是典型的南方常压页岩气区代表，构造变形时间东早西晚，地层抬升幅度东高西低，变形强度东强西弱，五峰组—龙马溪组埋藏史如图 2-18 所示。其构造演化史有三个关键时期：①加里东期—海西期—印支期，构造活动相对较弱，以隆升作用为主，形成"大隆大拗"构造格局；②燕山期，五峰组—龙马溪组页岩持续达到最大埋深；③燕山晚期—喜马拉雅期，具有多旋回、多构造期次构造叠加的特征。隔挡式褶皱形态，地层隆升，部分地区完全剥蚀。

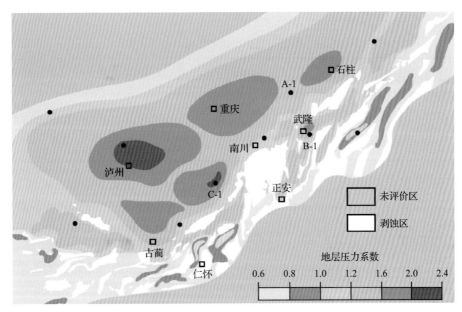

图 2-17　渝东南及周缘地区龙马溪组页岩地层压力系数分布

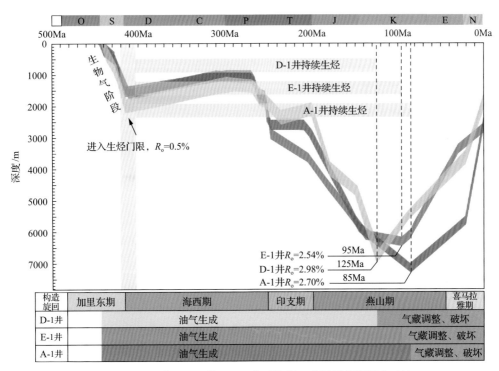

图 2-18　E-1 井—D-1 井—A-1 井五峰组—龙马溪组埋藏史对比

　　常压页岩经历更长时间的气藏调整破坏,地层褶皱断裂,泄压过程及构造挤压会形成一定的破裂缝,渗透率增强,不利页岩气保存。勘探实践证明地层压力系数是四川盆地及周缘海相页岩气的重要评价指标,常压与超压页岩分布位置、改造强度、页岩气赋存方式、压裂井生产特点等关键参数对比如表 2-1 所示。

表 2-1　常压与超压页岩气关键参数对比表

关键参数	分布位置	埋深/m	改造强度	水平应力差异系数	压力系数	游离气比例/%	生产特点	流动相态	返排率/%	稳定日产量/10⁴m³	代表区
超压型	盆内弱变形区	2300~4500	较弱	<0.25	>1.2	>50	自喷	气相	<40	>6	威远、富顺、涪陵、长宁
常压型	盆外褶皱区	1500~3500	较强	<0.35	0.9~1.2	<50	人工举升+自喷	气液两相+气相	>60	<6	彭水、武隆、丁山、昭通

常压页岩气井水平段长一般为 1200~1500m，压裂 15~20 段，单井总液量 20000~35000m³、总砂量 800~1200m³，压裂后产量稳定在 $1 \times 10^4 \sim 3 \times 10^4 m^3/d$，压裂井生产特征主要分为以下三个阶段：①低气液比阶段，压裂液返排初期，近井地带压力高于地层压力，纯液相转变为气液混相。②两相过渡阶段，地层原始的弹性驱动能是主要驱动力。气液比快速上升，地层能量逐渐衰减。③稳定生产阶段，井筒地带缝网压力小于地层压力，流体驱动力为地层气体弹性能。由于常压页岩储层能量不足，在开发过程中需借助人工或者机械举升方式进行排采。

下面具体针对国内的彭水、武隆和丁山三个典型常压页岩气区块，详细阐述各区块地质特征及典型井压裂开发概况。

2.2.1　彭水页岩气地质及压裂井概况

1. 彭水页岩气地质概况

彭水区块处于川东南-湘鄂西地区四川盆地与雪峰隆起西缘之间"槽-挡"构造过渡区，构造形态以 NE 向复向斜和复背斜相间分布为主。三组相对紧闭的背斜带中夹三组核部宽缓而翼部相对陡立的向斜带，呈 NNE 向展布。同时在背斜构造发育一系列 NNE 向或 NW 向断裂构造，是受 NWW 向、SEE 向压应力条件下的产物。区内向斜构造相对宽缓，有利于页岩气成藏。

彭水地区包括桑柘坪、武隆、道真、湾地、大石坝等构造单元，总面积 $1.3 \times 10^4 km^2$。埋深 1500~3500m，含气面积 1588km²，页岩气地质资源量约 $1 \times 10^{12} m^3$。该区龙马溪组与四川盆地同属深水陆棚相，具有相似的页岩气基本地质条件，埋深 1500~3500m，优质页岩厚 20~40m，TOC 为 2%~5%，R_o 为 2%~3%。地层压力系数为 0.92~1.15，为常压页岩气藏[36]。

桑柘坪向斜位于区块东南部，轴向 NE32°，延伸较远。南部被 NNW 向逆掩断层切割。核部地层由三叠系组成，两翼依次为二叠系、志留系、奥陶系和寒武系，核部宽缓，翼部较陡。一般地层倾角为 10°~18°，向斜内由 SW 到 NE，地层产状变缓。其中上奥陶统五峰组—下志留统龙马溪组底部发育厚层黑色页岩，富含笔石等生物，有机质丰度高，页岩气富集条件好，是页岩气勘探的主要目的层。

1）页岩地质参数

早志留世龙马溪期—晚奥陶世五峰期沉积时，彭水地区处于缺氧强还原的盆地相带。

A-1 井揭示深水陆棚相黑色页岩核心段有机质含量为 3.08%~4.25%，在区域上，桑柘坪向斜处于 TOC 高值区。

彭水地区周缘下志留统龙马溪组—上奥陶统五峰组露头泥页岩镜质体反射率介于 1.5%~3.0%，为高成熟-过成熟阶段，A-1 井 R_o 为 2.6%，为过成熟早期，处于页岩气勘探较有利的地球化学指标范围之内。

气测录井显示气测值为 2.5%~22.56%，现场取心观察可见页岩含气性很好，岩心表面可见丰富气泡，浸水实验可观察到大量气泡涌出，含气量分析岩心解吸气含量约为 1.12~1.33m³/t，总含气量为 1.9~2.3m³/t，解吸气体点火可燃，火焰呈蓝色，测井解释含气层厚度约为 88m。

测井解释含气页岩孔隙度和渗透率与北美成功开发的页岩有很好的相似性。A-1 井含气页岩段测井解释孔隙度为 4.4%~4.9%，渗透率为 91.5~139.8nD，与美国成功开发的 Barnett 页岩相比，两者非常类似。

根据工区向斜区内页岩埋深情况，桑柘坪向斜页岩埋深相对较浅，最大埋深在 3000m 以内。在 A-1 井钻探过程中，钻遇龙马溪组—五峰组泥页岩厚度达到 410m，岩性致密，具有良好的自身封闭性，同时目的层顶板为厚层泥页岩，地层稳定，厚度达到 307m，封盖条件较好，目的层底板为高电阻、高伽马的致密灰岩层，区域上分布稳定，厚度较大，封隔条件较好。二维地震解释波阻连续、稳定，显示该地区构造改造作用较弱，地层稳定，有利于页岩气保存。

A-1 井钻探证实，川东南地区桑柘坪向斜内发育下志留统龙马溪组—上奥陶统五峰组厚层黑色页岩，厚度达 103m。通过岩石组合、岩石灰分含量变化关系、化石种属与生态环境的关系、化石含量等条件综合分析认为，该套黑色页岩为深水陆棚相沉积，富有机质，有利于页岩气富集。

2) 岩石组分及力学参数

A-1 井下志留统龙马溪组—上奥陶统五峰组泥页岩矿物组分分析结果表明，岩石黏土矿物含量 28.5%，石英含量为 44.5%，方解石含量 5.18%。黏土、脆性矿物含量适中，有利于压裂改造。

根据 A-1 井双井径及 FMI 图像特征，认为现今彭水地区桑柘坪向斜内 A-1 井目的层最大水平主应力方向为 NEE—SWW，方位为 50°~80°。在玫瑰花图中，最大水平主应力优势方位为 60°~70°。井壁崩落和钻井诱导缝测井成果也显示现今最大水平主应力方向为 65°左右。

参考 A-1 井龙马溪组页岩气岩石力学参数解释成果(表 2-2)，最小地应力梯度约为 0.0209MPa/m，最大地应力梯度约为 0.024MPa/m，泊松比为 0.234~0.264，杨氏模量为 21.052~46.54GPa(表 2-3)。

表 2-2 A-1 井岩心地应力参数测试

深度/m	取心角度/(°)	围压/MPa	Kaiser 点	最大水平地应力/MPa	最小水平地应力/MPa
2029	0	20	53.87	48.77	42.44
2029	45		49.32		
2029	90		47.54		

表 2-3　A-1 井单轴岩石力学参数测试

序号	层位	井深/m	试样编号	围压/MPa	孔压/MPa	抗压强度/MPa	杨氏模量/MPa	泊松比
1	龙马溪组	2032.15~2032.36	垂 2	0	0	75.16	21052	0.241
2	龙马溪组	2106.52~2106.58	垂 1	0	0	110.24	42461	0.234
			垂 2	0	0	100.39	39564	0.238
3	龙马溪组	2115.41~2115.58	垂 1	0	0	121.6	42572	0.238
			平 1	0	0	101.12	46540	0.264

　　图 2-19 为 A-1 井垂向地应力连续剖面图。从图中可以看出，优质页岩段平均最大、最小水平主应力分别为 51.6MPa 和 43.8MPa。2150m 底部具备较好的隔层条件，应力差值大于 6MPa，顶部隔层条件一般，应力差值相对较小。

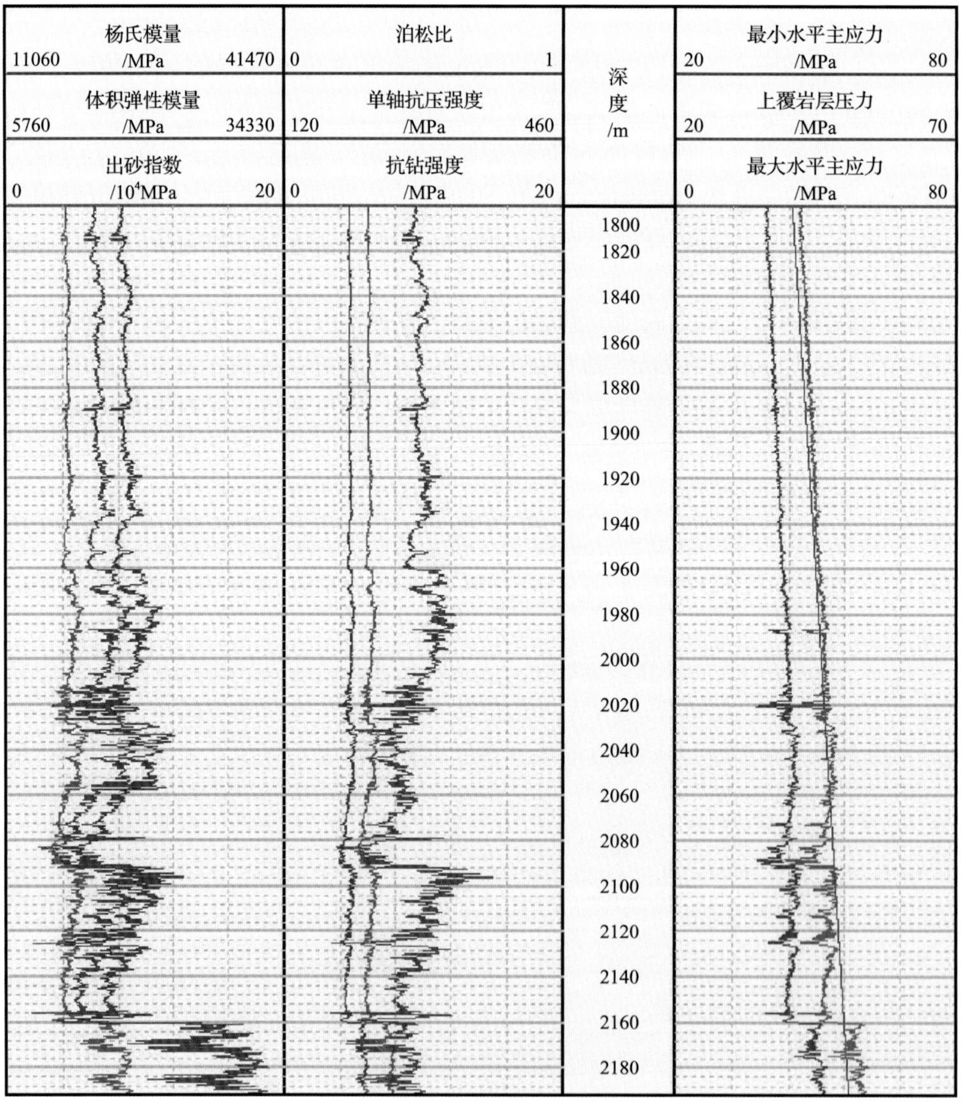

图 2-19　A-1 井垂向地应力连续剖面图

3)地质特征对比

只有当页岩品质、完井品质及压裂品质都较好时，才能使页岩气藏得到有效开发。彭水区块主要页岩气层位是龙马溪组下部及五峰组，埋深 2300～2420m，前期评价认识到该地层主要特征为：目的层裂缝不发育，中等偏塑性地层，目的层顶板和底板(灰岩)裂缝较为发育，地应力差异系数较小。彭水区块储层参数与可压性评价推荐参数对比如表 2-4 所示，可以看出，彭水区块基本符合远景页岩选择标准。

表 2-4　储层可压性评价参数推荐

类别	参数	推荐数值	彭水区块数据
页岩品质	渗透率/nD	>100	91.5～139.8
	孔隙度/%	>2	4.4～4.9
	总有机碳/%	>2	1.5～4.2
	成熟度	1.4～2.1(海相)	2.0～2.8
		0.8～1.4(陆相)	—
	含气量/(m³/t)	>1.5	3.9
完井品质	井筒方位(与裂缝垂直或有较大的角度)、套管直径与钢级满足井下工具下入及压裂施工压力要求，固井质量合格，两个胶结面都良好		
压裂品质	泊松比	<0.25	0.234～0.264
	杨氏模量/GPa	>20	21.052～46.54
	石英含量/%	40～70(海相)	30.8～61.1/44.5
	黏土含量/%	<30	20.7～50.4/29.2
	地应力差异系数	<0.25	0.12～0.15
	天然裂缝/层理缝/页理缝	发育	不发育
	地应力状态/裂缝方向/地层倾角/井身轨迹/断层类型	有利	有利

注："/"之前为范围值，"/"之后为平均值。

2. 彭水页岩气压裂概况

为了探索不同构造位置、埋深及水平段长度的页岩气井产能，选择在桑柘坪向斜部署的三口代表性压裂井进行对比，其中 A-1 井和 A-4 井位于向斜翼部，A-3 井位于向斜核部(图 2-20)。

采用电缆泵送桥塞射孔联作分段压裂工艺，单段射孔 2～3 簇，孔密为 16 孔/m，相位角为 60°。压裂液采用低浓度降阻水+胶液混合压裂液，支撑剂采用 100 目粉陶+40-70 目石英砂/覆膜砂+30-50 目石英砂/覆膜砂。3 口井分别试验了不同规模及不同段间距。

A-1 井压裂段长为 1020m，共压裂 12 段(35 簇)，施工累计加砂量为 823m³，酸液为 165m³，压裂总液量为 16212m³(平均每段 1351m³)，施工排量为 8～10m³/min，施工压力为 40～90MPa，平均砂比范围为 10%～18%。12 级裂缝净压力形态及大小均表现得不一样，压裂形成了相对独立的缝网系统，裂缝检测、压裂分析均显示压裂中没有出现串层的情况。该井初期日产气 $2.52 \times 10^4 m^3/d$，压后稳产为 $1.5 \times 10^4 m^3/d$。

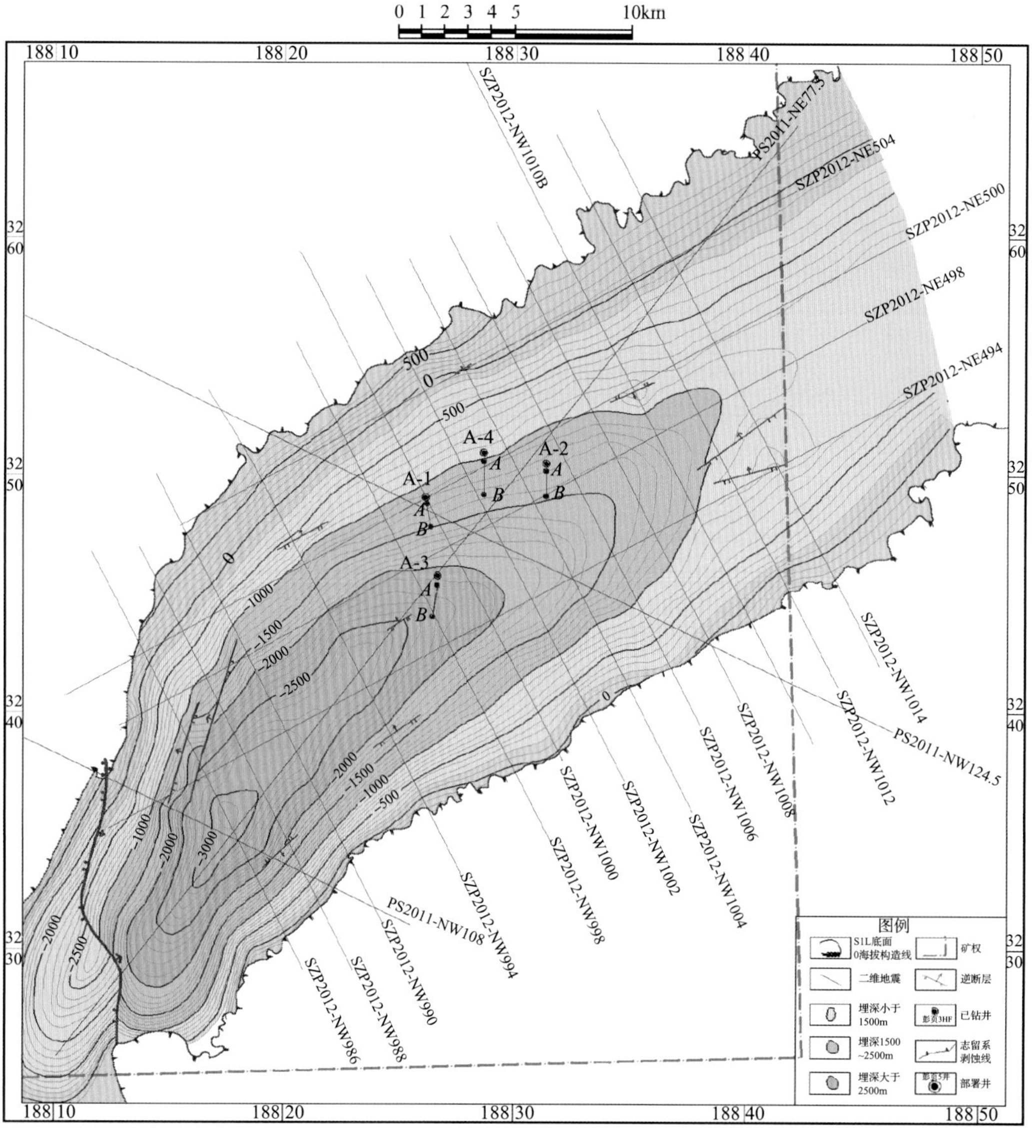

图 2-20 彭水桑柘坪向斜压裂井分布图

A-3 井井深 4190m，压裂段长 1280m，共完成 22 段(46 簇)压裂施工，平均簇间距为 24.7m。施工累计加砂量为 2108m³，压裂总液量为 46542m³(平均每段 2116m³)，施工排量为 10~14m³/min，施工压力为 40~70MPa，压后分析认为复杂裂缝占比达 55%以上。该井初期日产气 3.8×10⁴m³/d，稳产 1.5×10⁴~2.0×10⁴m³/d。

A-4 井压裂段长为 1400m，共完成 12 段(31 簇)压裂施工。施工累计加砂量为 814m³，压裂总液量为 21388m³(平均每段 1782m³)，施工排量为 12~14m³/min，施工压力为 40~65MPa，平均砂比范围为 2.7%~5.2%。A-4 井后 5 段国内首次采用清水压裂试验成功，降阻水和线性胶的实际用量分别比设计用量降低了 40.4%和 26.8%。该井初期日产气 2.7×10⁴m³/d，稳产 1.2×10⁴~1.5×10⁴m³/d。

上述几口井中，除了 A-3 井连续自喷生产持续 14 个月，其余井分别根据排采效果采用电潜泵、射流泵等机械举升方式，取得了较好的生产效果。

A-1 井、A-3 井和 A-4 井基本施工统计参数见表 2-5。

表 2-5 压裂施工参数统计表

参数	A-1 井	A-3 井	A-4 井
垂深/m	2263～2430	2860～3019	2060～2393
压裂段长/m	1020	1280	1400
压裂段数	12	22	12
平均段间距/m	85	58	117
单段簇数	2～3	2～3	2～3
总簇数	35	46	31
总液量/m³	16212	46542	21388
总砂量/m³	823	2108	814
平均单段液量/m³	1351	2115	1782
平均单段砂量/m³	69	96	68
平均砂液比/%	5.11	4.54	3.82
排量/(m³/min)	8～10	10～14	12～14
主要特征	小规模，中等段间距	大规模，小段间距	中等规模，大段间距

2.2.2 武隆页岩气地质及压裂井概况

武隆向斜位于重庆市武隆县，勘探面积 1142km²，预测总资源量 8490×10⁸m³[37]，构造上位于川东南利川武隆复向斜南部，为四川盆地外第一排构造。构造形迹呈盾状，轴长约 10km，长宽比约为 1：1，呈 NNE 向。核部由早—中侏罗系组成，两翼依次为三叠系及二叠系，向斜核部平缓而开阔，两翼地层倾角变陡，为 25°～35°，北西翼倾角陡于东南翼，呈不对称向斜，轴面倾向北西。B-1 井微注测试压力系数 1.08，为典型常压页岩气。

1. 武隆页岩气地质概况

1)页岩地质参数

武隆向斜北翼(老厂坪背斜南翼)更靠近川东南深水陆棚相控制中心，优质页岩更加发育，B-1 井钻遇龙马溪组暗色页岩 95.4m，岩性为黑色-灰黑色页岩、硅质页岩，化石丰富，伽马值较高，为深水-半深水陆棚沉积，其中 TOC 大于 2%的优质页岩厚度为 32m，根据钻井和露头资料预测，武隆向斜优质页岩厚度为 30～40m，向北部厚度有增大趋势。

优质页岩段 TOC 为 1.63%～6.21%，平均为 4.36%，其中①～④号层 TOC 均大于 4.5%，R_o 为 2.54%；有机孔发育，扫描电镜下孔径为 50～200nm，连通性好。脉冲孔隙度为4.6%～5.5%，平均为4.95%，渗透率为0.034mD；斯伦贝谢测井解释①～④号层孔隙度为5.1%～5.9%，平均为5.5%。岩心观察 B-1 井导眼井①号层岩心破碎，高角度裂缝发育，②～⑤号层岩心完整，层理缝发育。成像测井揭示：水平缝、页理发育，五峰组高角度缝较发育，以高阻缝为主。五峰组—龙马溪组共发育 27 条高阻缝，高导缝不发育。

B-1 井五峰组—龙马溪组龙一段（2742～2837m）连续气测异常厚度达 95m，全烃最高12.4%；浸水实验见丰富的气泡从基质孔隙、页理、水平缝溢出，五峰组多见气泡由高角度裂缝溢出；现场含气量测试优质页岩含气量 1.18～3.55m³/t，平均 2.38m³/t；测井解释游离气含气量高，占 61%，平均 3.79m³/t，总含气量 6.2m³/t。

2）岩石组分及力学参数

岩心全岩 X-射线衍射定量分析结果表明，优质页岩石英含量为 38%～80%，平均为59.8%；黏土含量为 10.2%～31.7%，平均为 21.2%；碳酸盐含量平均为 6.0%；黄铁矿平均含量为 3.5%。B-2 井导眼井段斯伦贝谢测井解释①～⑤号层杨氏模量为 37.3～46GPa，平均为 40.5GPa；泊松比为 0.18～0.26，平均为 0.21，表明优质页岩段具有较好的可压性。

B-1 井及周边井目前最大水平主应力方向呈现规律性变化，B-1 井区目的层最大水平主应力方位为 67°，与区域一致。

2. 武隆页岩气压裂概况

目前，武隆区块已压裂施工 B-1 井、B-2 井两口井。

B-1 井埋深为 2919～3488m，试气井段 3061～4378m，共计 1317m。分 17 段压裂施工，单段长度为 55～115m（平均为 78m）。总液量为 34139.4m³，平均为 2008m³；总砂量为 1192.17m³，平均为 70m³；排量为 12～16.5m³/min；破裂压力为 70.4～89.5MPa，施工压力为 53.8～92.8MPa，停泵压力为 41.2～63.8MPa。微地震监测显示压裂缝以网状缝、复杂缝为主，各个方向的裂缝均有发育。该井最高产量 $6×10^4$m³/d，稳产气 $3×10^4$～$4.6×10^4$m³/d，具备 $3×10^4$m³/d 的稳产能力。

B-2 井压裂段长为 1920m，单段射孔簇数提高至 3～6 簇，实施投球暂堵工艺，共压裂 20 段，该井施工参数统计如表 2-6 所示。单段液量为 1795～3262m³，各段降阻水用量 99%以上，其中低黏胶液占比 81%～100%。单段砂量为 63.78～206.75m³，其中有 12段单段砂量大于 120m³，小粒径支撑剂占比 8%～62%。综合砂液比 6.87%～11.78%，其中有 8 段综合砂液比达到 10%以上。施工排量为 12～18m³/min，主体排量为 16～18m³/min。施工压力为 32～90MPa，主体压力为 50～70MPa。该井最高产气量 9.4×10^4m³/d，之后不连续生产，平均产气量 $4×10^4$～$9×10^4$m³/d。

表 2-6 压裂施工参数统计表

参数	B-1 井	B-2 井
垂深/m	2952.91～3498.98	2559～2741
压裂段长/m	1317	1920

续表

参数	B-1 井	B-2 井
压裂段数	17	20
平均段间距/m	78.1	96
单段簇数	2~4	3~6
总簇数	46	92
总液量/m³	34139.1	45719.3
总砂量/m³	1192.2	2576.0
平均单段液量/m³	2008.2	2285.9
平均单段砂量/m³	70.1	128.8
平均砂液比/%	3.49	5.63
排量/(m³/min)	13~16	14~18
主要特征	中等规模，多段少簇	大规模，少段多簇投球暂堵

2.2.3　丁山页岩气地质及压裂井概况

丁山区块位于四川盆地川东南构造区丁山-林滩场 NE 向构造带丁山构造，丁山-林滩场 NE 向构造带位于四川盆地东南缘与雪峰山隆起西缘的川鄂湘黔褶皱带的过渡部位。目的层五峰组—龙马溪组优质页岩段脆性矿物较高，黏土矿物含量总体较低，具有从上至下逐渐减少的特点。目前，该区块已经完成 5 口页岩气探井的钻井与压裂施工，其中 C-1 井与 C-3 井的目的层均为五峰组—龙马溪组，属于常压页岩气井。

1. 丁山页岩气地质概况

1）页岩地质参数

五峰组—龙马溪组页岩气层厚 86m，岩性主要为深灰色含灰泥岩、灰黑色泥岩、灰黑色碳质泥岩。其中，优质泥页岩厚 30.0m，TOC 为 1.49%~9.19%，平均值 3.52%。C-3 井导眼井五峰组—龙马溪组一段页岩气层段斯伦贝谢测井解释有效孔隙度为 0.52%~6.5%，平均为 3.01%；优质泥页岩层段有效孔隙度为 1.3%~6.5%，平均为 4.1%。现场共测试总含气量 0.584~4.646m³/t，平均为 1.772m³/t，且底部含气量明显增大。其中，优质页岩段总含气量 1.977~4.646m³/t，平均为 3.088m³/t。

根据岩心描述和 FMI 成像测井资料显示：龙马溪组一段三亚段向上到石牛栏组，高阻缝较发育，表明该段地层构造变形强烈，高阻缝有 100 条，走向为 NE—SW，倾向为 NNW、SE，倾角范围为 15°~89°。龙一段二亚段发育 1 条微断层，高导缝 3 条，走向为 NWW—SEE，倾向 NNE，高阻缝较发育，诱导缝非常发育。龙一段一亚段发育少量高阻缝，诱导缝非常发育，其中，③小层发育 1 条高阻缝，诱导缝非常发育。

2)岩石组分及力学参数

优质页岩层段黏土矿物含量为 11.4%～39.2%，平均为 27.7%；硅质矿物含量为21.3%～59.1%，平均为 41.0%；碳酸盐矿物含量为 9.6%～37.8%，平均为 15.8%。

根据室内岩石力学测试结果，③号层深度 2265.98～2266.2m 对应的岩心杨氏模量平均值为 29.46GPa，泊松比平均值为 0.212，测试抗拉强度平均值为 8.51MPa。另据硬度和塑性系数测试，页岩硬度为 376MPa，塑性系数为 0.78。根据测井数据计算①～⑤号层的泊松比加权平均为 0.208，杨氏模量加权平均为 30.31GPa，计算优质页岩脆性指数为 55%。

根据室内地应力测试结果，深度 2207.68～2274.54m 对应的垂向应力 53.19～54.96MPa，最大水平主应力为 52.96～54.48MPa，最小水平主应力为 44.14～46.2MPa，如表 2-7 所示。

表 2-7　C-3 井导眼井取心测试地应力参数表

深度/m	检测条件			地应力大小检测结果						
				Kaiser 点对应的应力值/MPa				三主应力大小/MPa		
	围压/MPa	孔压/MPa	温度/℃	垂直	0°	45°	90°	垂向应力	最大水平主应力	最小水平主应力
2207.68～2207.93	20/40	0	室温	27.36	26.56	19.84	18.88	53.19	52.96	44.14
2237.93～2238.21	0	0	室温	27.91	26.79	20.25	19.08	54.1	53.54	44.7
2265.98～2266.2	0	0	室温	28.21	27.47	22.04	20.18	54.72	54.48	46.2
2274.3～2274.54	0	0	室温	31.76	30.68	21.97	23.23	54.96	54.48	45.82

结合 C-3 井导眼井 FMI 电成像资料井壁崩落及钻井诱导缝发育特征，该井五峰组—龙马溪组页岩气层段的最大水平主应力方向为 NEE—SWW 向，方位角为 85°。

2. 丁山页岩气压裂概况

C-1 井压裂施工 12 段共 35 簇，总液量为 19344.7m³，平均为 1612m³，其中降阻水约占 3/4，胶液约占 1/4；累计加砂量为 816.5m³，平均为 68m³；其中前三段及第 9、第 11 段液量、砂量均较高，符合"W 形布缝"模式。施工排量为 12～14.6m³/min。破裂压力为 52～81MPa，施工压力为 44～77MPa，停泵压力为 40.0～63.8MPa。该井测试获得 3.4×10⁴m³/d 的产量。

C-3 井共压裂 22 段 59 簇，其压裂施工参数如表 2-8 所示，总液量为 41330.1m³，平均为 1833m³，其中降阻水占比 91.6%；累计加砂量为 1567.59m³，平均为 71.3m³，有 6段单段砂量超过 80m³，最高单段砂量达 82.87m³；且逐步提高 30-50 目粗砂比例(最高达20.8%)；整井平均综合砂液比 3.87%，较设计值提高 5 个百分点。施工排量为 15～17m³/min。施工压力为 50～87MPa，停泵压力为 40～61MPa。压后分析认为，81%的施工段形成剪切网缝，14%形成了较为复杂的裂缝，仅一段未见到大范围复杂裂缝特征。该井采取 12mm 油嘴放喷求产，日产气 $2.56 \times 10^4 \sim 3.47 \times 10^4 \mathrm{m}^3/\mathrm{d}$。

表 2-8　压裂施工参数统计表

参数	C-1 井	C-3 井
垂深/m	$2125.76 \sim 2233.68$	$2318.2 \sim 2509.6$
压裂段长/m	966.32	1643
压裂段数	12	22
平均段间距/m	75	71
单段簇数	$2 \sim 3$	$2 \sim 3$
总簇数	35	59
总液量/m³	19344.7	41330.1
总砂量/m³	816.5	1567.59
平均单段液量/m³	1612	1833
平均单段砂量/m³	68	71.3
平均砂液比/%	4.2	3.87
排量/(m³/min)	$12 \sim 14.6$	$15 \sim 17$
主要特征	中等规模	大规模，大排量

2.3　国内外常压页岩气对比

与美国页常压岩气相比，中国常压页岩气具有以下难点。

(1)页岩沉积对比：中国页岩地质年代更古老，页岩气资源区缺乏北美页岩大规模连续与稳定分布的优势，地质构造与大地应力的复杂性为压裂改造带来了进一步的挑战。

(2)页岩气保存特征对比：四川盆地龙马溪组页岩整体生烃条件是相近的，影响页岩气富集高产的原因是燕山期至今的构造运动对页岩层系的差异性改造，盆外复杂构造带内已经没有严格意义上"自生自储"的泥页岩。

(3)页岩物性对比：相较而言，国外常压页岩埋深浅、厚度大、含气性等原始物性好；水平应力差小，裂缝发育利于人工裂缝延伸。

(4)缝高及改造体积对比：国内常压页岩气一般经历复杂构造运动，地应力梯度较国外高，导致垂向应力差(上覆应力与最小水平主应力差值)小，压裂缝高小，因此 SRV 也小。

美国常压页岩气地质条件优越。从表 2-9 和表 2-10 可以看出，美国常压页岩气 TOC、含气性较国内高约 2 倍、孔隙度高约 1 倍，但水平应力差小约 1 倍，平均产量高约 1～2 倍。

表 2-9 中美常压页岩气地质构造参数对比表

名称	美国页岩气	中国(南方地区)
构造运动	构造稳定、简单、定型早,页岩分布连续、面积大,后期改造弱	构造复杂、定型晚,多旋回多期次构造叠加。盆地内外连续分布,改造后盆外剥蚀,构造类型多样复杂,呈东西分带、南北分块格局
沉积类型	前陆环境快速沉降,前缘斜坡	前陆盆地持续沉降,隆后凹陷
海相页岩时代	较新,以晚古生代为主	较老,以早古生代为主
热演化史	简单	复杂
成熟度	一般为 1.5%~3%。同一盆地内,热演化程度变化范围大。以阿巴拉契亚盆地 Marcellus 页岩为例,R_o值从凹陷区的大于 2%过渡到斜坡区的小于 0.5%,并且和现今埋藏深度呈正相关	一般为 2.5%~4%。研究区寒武系、志留系两套主要页岩层系现今的热演化程度与目前的埋深没有对应关系
页岩成熟时间	较晚	较早,且后期多期叠加
油气类型	油气兼有,以气为主	以气为主
埋藏深度	900~2700m,地面条件好	1500~3500m,且地面条件复杂
保存条件	好	差,保存和破坏的分区性较明显

表 2-10 中美常压页岩气地质物性参数对比表

参数	Barnett	Fayetteville	Marcellus	武隆	彭水	丁山
年代	密西西比亚纪	密西西比亚纪	泥盆纪—密西西比亚纪	奥陶纪—志留纪	奥陶纪—志留纪	奥陶纪—志留纪
盆地	Fort Worth	Arkoma	Appalachian	四川	四川	四川
深度/m	1980~2590	450~2440	914~2591	2559~3488	2100~3019	2125~2509
地层厚度/m	60~90	15~180	15~61	33~37	24~35	24~30
平均石英含量/%	41.2	20~60	40~60	56~70	45	41~43.1
平均碳酸盐含量/%	13.5	—	5~40	6~7.1	2.3	14.2~15.8
平均黏土含量/%	23	—	20~50	13.6~21.4	20.7	27.7~42.5
TOC/%	3~7.5	4~9.5	3~12	4.3~4.7	2.1~4.7	3.18~3.52
R_o/%	1~1.74	1.5~4	1.5~3	2.5	2.4~3.0	2.16
含气量/(m³/t)	4.2~9.8	1.4~6.0	1.6~8.2	2.38~6.0	1.4~2.6	2.35~3.09
吸附气占比/%	20	—	10~60	28~35.5	38	23~40
总孔隙度/%	4~9.6	4.0~5.0	10	4.9~5.3	4.4~4.9	2.83~4.05
杨氏模量/GPa	24.12	18.95	27.6~48.3	33~42.5	21~46.5	26.7~29.4
泊松比	0.2	0.22	0.2	0.21~0.25	0.23~0.26	0.2~0.21
压力系数	0.97~1.27	0.86~1.02	1.1~1.3	1.08	0.92~1.15	1.08
水平应力差/MPa	2~4	2~4	10	3.6~14.7	7.8~10.2	5~13
地层温度/℃	93.3	—	37.8~65.6	—	73~90	81~88
初始产量/10⁴m³	5.4~6.2	5	8~17	4~9	1.5~3.2	3.4

中美常压页岩气压裂施工参数对比如表 2-11 所示。从压裂施工参数上看,美国常压

页岩气单段簇数高约 1 倍、簇间距约小 1/4～1/3，加砂强度高近 1 倍，但单井综合成本低 1 倍以上。

表 2-11　中美常压页岩气压裂施工参数对比表

参数	Marcellus	Fayetteville	Barnett	国内
单段簇数/簇间距/m	3～5/15	6/(22～24)	3～7/(30～33)	2～3/(19～30)
段长/m	61	120	150(4～6 段)	78～117
压裂液体系	降阻水	降阻水	降阻水/线性胶	降阻水/胶液/清水
排量/(m³/min)	13～15	16	16	12～18
平均单段液量/m³	1400～1800	1900～2400	2719～2908	1351～2280
平均单段砂量/m³	80～130	90～110	80～100	69～96
返排率/%	10～40	—	10～40	68～128
初产/(10⁴m³/d)	8～17	7～9.6	4.2～6.2	1～4.6
单井成本/万元	4348	1100～1900	1000～2300	>6000

参 考 文 献

[1] Thompson D M, Sloss L L. The geology of North America Geological Society of America. Fort Worth Basin, 1988, （D）: 346-352.

[2] Arbenz J K, Bally A W, Palmer A R. The geology of North America-An overview geological society of America. The Ouachita System, 1989, （A）: 371-396.

[3] Walper J L. Paleozoic tectonics of the southern margin of North America. Gulf Coast Association of Geological Societies Transactions, 1977, 27: 230-239.

[4] Walper J L, Martin C A. Plate tectonic evolution of the Fort Worth Basin// Petroleum geology of the Fort Worth Basin and Bend arch area Dallas Geological Society, Dallas, 1982.

[5] Ross C A, Ross J R P, Ross C A, et al. Timing and Deposition of Eustatic Sequences: Constraints on Seismic Stratigraphy. Lawrence: Allen Press, 1987: 137-149.

[6] Gutschick R, Sandberg C, Stanley D J, et al. The shelf break: Critical interface on continental margins. SEPM Special Publication, 1983, 33: 79-96.

[7] Grieser W V. Oklahoma Woodford Shale: Completion trends and production outcomes from three basins. SPE 139813, 2011.

[8] Vulgamore T B, Clawson T D, Pope C D, et al. Applying hydraulic fracture diagnostics to optimize stimulations in the Woodford Shale. SPE 110029, 2007.

[9] Martinez R, Rosinski J, Dreher D T. Horizontal pressure sink mitigation completion design: A case study in the Haynesville Shale. SPE 159089, 2012.

[10] Vulgamore T B, Clawson T D, Pope C D, et al. Applying hydraulic fracture diagnostics to optimize stimulations in the Woodford Shale. SPE 110029, 2007.

[11] Saneifar M, Aranibar A, Heidari Z. Rock classification in the Haynesville Shale-gas formation based on petrophysical and elastic rock properties estimated from well logs. SPE 166328, 2013.

[12] Farinas M, Fonseca E. Hydraulic fracturing simulation case study and post frac analysis in the Haynesville Shale. SPE 163847, 2013: 1-10.

[13] Xie X, Mac Glashan J D, Holzhauser S, et al. Completion influence on Haynesville Shale gas well performance. SPE 159823, 2012.

[14] Louck R G, Ruppel S T. Mississippian Barnett Shale: Lithofacies and depositional setting of a deep water shale gas succession in the Fort Worth Basin, Texas. AAPG Bulletin, 2007, 91(4): 579-601.

[15] Bowker K A. Development of the Barnett Shale play, Fort Worth Basin. AAPG Bulletin, 2007, 91(4): 4-11.

[16] Abousleiman Y, Tran M, Hoang S, et al. Geomechanics field characterization of Woodford Shale and Barnett Shale with advanced logging tools and nano-indentation on drill cuttings. Leading Edge, 2010, 29(6): 730.

[17] Hickey J J, Henk B. Lithofacies summary of the Mississippian Barnett Shale. AAPG Bulletin, 2007, 91(4): 437-443.

[18] William G E, Stuart J E, Thomas E E. New single-well standalone gas lift process facilitates Barnett Shale fracture-treatment flowback. SPE 118876, Oklahoma City, 2010.

[19] John B, Svetlana I, Scott W T. Barnett shale production outlook. SPE Economics & Management, 2013, 5(3): 89-104.

[20] Sutton P P, Barree R D. Shale gas plays: A performance perspective. SPE 138447, 2010.

[21] 孟庆峰, 侯贵廷. 阿巴拉契亚盆地 Marcellus 页岩气藏地质特征及启示. 中国石油勘探, 2012, 17(1): 67-73.

[22] 夏永江, 于荣泽, 卞亚南, 等. 美国 Appalachian 盆地 Marcellus 页岩气藏开发模式综述. 科学技术与工程, 2014, 14(20): 152-161.

[23] Mashayekhi A, Belyadi F, Aminian K, et al. Predicting production behavior of the Marcellus shale. SPE 171002, 2014.

[24] Lim P, Goddard P, Sink J, et al. Hydraulic fracturing: A Marcellus case study of an engineered staging completion based on rock properties. SPE 171618, 2014.

[25] 陈翔翔. Marcellus 页岩气返排废水管理及污染控制技术启示//2015 年中国环境科学学会学术年会论文集(第二卷). 北京: 中国环境科学学会, 2015.

[26] 夏玉强. Marcellus 页岩气开采的水资源挑战与环境影响. 科技导报, 2010, 28(18): 103-110.

[27] Gulen G, Ikonnikova S, Browning J, et al. Fayetteville shale-production outlook. 2014 SPE Economics & Management, 2014, 7(2): 47-59.

[28] Briggs K, Hill A D, Zhu D, et al. The relationship between rock properties and fracture conductivity in the Fayetteville shale. SPE 170790, 2014.

[29] Ramakrishnan H, Peza E, Sinha S, et al. Fayetteville shale production: Seismic to simulation reservoir characterization. JPT, 2012, 64(7): 80-83.

[30] Harpel J, Barker B, Fontenot J, et al. Case history of the Fayetteville shale completions. SPE 152621, 2012.

[31] Cheng Y. Impact of water dynamics in fractures on the performance of hydraulically fractured wells in gas-shale reservoirs. SPE 127863, 2012.

[32] James W C. Flowback performance in intensely naturally fractured shale gas reservoirs. SPE 131785, 2010.

[33] 何希鹏, 张培先, 房大志, 等. 渝东南彭水-武隆地区常压页岩气生产特征. 油气地质与采收率, 2018, 25(5): 72-79.

[34] 张海涛, 张颖, 何希鹏, 等. 渝东南武隆地区构造作用对页岩气形成与保存的影响. 中国石油勘探, 2018, 23(5): 47-56.

[35] 方志雄, 何希鹏. 渝东南武隆向斜常压页岩气形成与演化. 石油与天然气地质, 2016, 37(6): 819-827.

[36] 徐二社, 李志明, 杨振恒, 等. 彭水地区五峰-龙马溪组页岩热演化史及生烃史研究——以 PY1 井为例. 石油实验地质, 2015, 37(4): 494-499.

[37] 雷林, 张龙胜, 熊炜, 等. 武隆区块常压页岩气水平井分段压裂技术. 石油钻探技术, 2019, 47(1): 76-82.

第3章 常压页岩气甜度及可压性评价技术

对于常压页岩气压裂而言，为了最大限度地实现降本增效的目的，段簇位置的精细优选及页岩的可压裂性评价都至关重要。显然，在优选出最可能出气及出气潜力最大的段簇位置的基础上，再研究论证该处复杂缝网裂缝形成的可能性及可能性大小，是常压页岩气压裂设计及施工之前最为关注的问题。下面进行详细阐述。

3.1 常压页岩气甜度评价技术

常规的页岩气一般采用甜点评价技术[1,2]进行水平井段簇位置的优选。而对常压页岩气而言，由于含气丰度普遍较低，常规的甜点评价技术已不适应，必须采用新的评价方法，为此，建立了新的甜度评价技术[3]。所谓甜度评价就是在甜点中找甜点。其物理定义是先将与压后产气量直接相关的单因素集合，作为最理想的候选段簇位置，这也是"最甜"的位置，压后产气量也最高。而其他段簇位置的各有关参数集合，与上述理想的最优参数集合肯定存在一定的差异，可用模糊数学上的欧氏贴近度表征各段簇参数集合与上述理想段簇参数集合间的相似度。显然，该相似度越高，即甜度越高，压后获得越高产量的概率也越大。

上述甜度与常规的甜点指标相比，主要的差异如下：

(1) 模型的参数种类不同。甜度涵盖的种类可以更多，可将许多定量及定性的参数都纳入其中。

(2) 各参数的权重考虑程度不同。对甜度模型而言，可以不考虑各参数的权重，而甜点模型则必须考虑，看似甜点模型考虑权重更科学，但由于各参数权重的确定方法及结果都具有不确定性，因此，甜度模型反而因不考虑权重而更具合理性，也更具现场可操作性。

(3) 对压后效果的相关性系数不同。经压后产气剖面结果验证，甜度指标与压后产气效果的相关性系数更高。

下面详细阐述甜度模型及结果验证。

3.1.1 页岩气地质甜度与工程甜度的定义

常规页岩气地质甜点和工程甜点的概念，只能说明页岩气层压后产气的可能性较大，而压后产能的高低与甜点指标的正相关性并不明显。地质甜度和工程甜度则表征了甜点的程度大小，与压后产能的高低具有较好的正相关性。也就是说，甜点可以对页岩气层的产气能力进行定性或半定量评价，而甜度可以实现页岩气层产气能力的定量评价。

在对某一区块的甜度进行评价时，首先要找出该区块甜度最高的标杆，该最高值可设置为 1。该标杆是地质甜点与工程甜点中所有相关独立性参数的集合，且各个参数值均最有利于压后产气，部分参数与压后产气量可能具有负相关性，因此所选参数值不一定是最大值。显然地，标杆是某个区块或水平段中假想的最佳甜点位置，实际不存在或存在的概率非常低。

有了标杆的假设，可利用欧氏贴近度来表征水平井筒某个位置处的参数集合与上述标杆的相似度。相似度越高，表明该处页岩属性越接近标杆，甜度越高；反之，该处页岩属性与标杆差距越大，甜度也越低。

3.1.2 页岩气地质甜度与工程甜度的计算

根据甜度的定义，在精细评价页岩地层各项地质参数及工程参数的基础上，严格分析各参数的相关性，确定彼此独立的地质参数与工程参数作为评价参数。例如，总有机碳含量(TOC)和含气量都可以描述页岩含气性，但是 TOC 主要用来评价页岩的生烃能力，含气量主要用来评价目前页岩的实测含气数值，TOC 高并不代表含气量高，而含气量高 TOC 往往会较高。所以，可以说两者有一定联系，二者相互间并不独立，因此评价参数只选用了含气量，没有选用 TOC。

基于评价参数之间具有独立性的原则，对页岩气甜点评价参数进行筛选，初步筛选的独立的地质参数有：脆性矿物含量、黏土矿物含量、页岩厚度、总孔隙度、有机质孔隙度、热演化程度、总含气量、游离气比例、基质渗透率、天然裂缝发育程度、压力系数、杨氏模量和泊松比；工程参数有：脆性指数(基于施工曲线中脆性区和弹性区的面积及对应的排量计算)、施工液量和加砂量。

1. 关键地质参数的评价

初步筛选的地质参数已有成熟的评价方法，包括露头观测(可获得天然裂缝发育程度)、岩心实验(可获得页岩矿物组分、总孔隙度、含气量、杨氏模量和泊松比等大部分地质参数)、测井及录井资料解释(可获得矿物组分、页岩厚度、含气量、杨氏模量和泊松比等大部分地质参数)等，并结合同区块邻井数据进行校正，则可以得到单井或区域性的连续性地质参数。但要注意上述参数动静态之间的转换。

2. 关键地质参数权重的确定

由于地质参数一般为近井参数，可通过计算气井压后初产与关键地质参数间的灰色关联度，并对计算结果进行归一化处理后可得到各参数权重分配。

设置各地质参数为比较序列 $X_i=\{x_i(1), x_i(2), x_i(3), \cdots, x_i(N)\}$，$(i=1, 2, 3, \cdots, n)$，压后初产为参考序列 $X_0=\{x_0(1), x_0(2), x_0(3), \cdots, x_0(N)\}$，由于各参数具有不同的量纲，因此，要进行无量纲化处理。采用均值化法对数据进行无量纲处理，得到无量纲化处理后的序列 X_i' 与 X_0'，计算公式为

$$x_i'(k) = x_i(k) \bigg/ \frac{1}{N}\sum_{k=1}^{N} x_i(k) \tag{3-1}$$

式中，$i=0, 1, 2, \cdots, n$；$k = 1, 2, \cdots, N$；N 为变量序列的长度。

将序列 X_i' 与 X_0' 做如下变换：

$$\xi_{0i}(k) = \frac{\min\limits_{1 \le i \le n}\min\limits_{1 \le k \le N} \left| x_0'(k) - x_i'(k) \right| + \rho \max\limits_{1 \le i \le n}\max\limits_{1 \le k \le N} \left| x_0'(k) - x_i'(k) \right|}{\left| x_0'(k) - x_i'(k) \right| + \rho \max\limits_{1 \le i \le n}\max\limits_{1 \le k \le N} \left| x_0'(k) - x_i'(k) \right|} \quad (3\text{-}2)$$

式中，ρ 为分辨系数，其取值范围为[0, 1]，通常取 0.5；$\xi_{0i}(k)$ 为关联系数，反映第 i 个比较序列 X_i 与参考序列 X_0 在第 k 个位置的关联程度。

综合所有的关联系数，可求取各比较序列与参考序列间的关联度：

$$r_{0i} = \frac{1}{N} \sum_{k=1}^{N} \xi_{0i}(k) \quad (3\text{-}3)$$

式中，r_{0i} 为各比较序列与参考序列间的关联度。r_{0i} 值越大，说明比较序列 X_i' 与参考序列 X_0' 的关联程度越好。

将各参数的关联程度视为一个整体，其中某一参数的权重可通过该参数的关联度值与各参数关联度之和的比值求得

$$w_i = \frac{1}{n} \sum_{i=1}^{n} r_{0i} \quad (3\text{-}4)$$

式中，w_i 为第 i 个参数的权重。

按照该方法，根据涪陵区块实际获得的地质数据(某些地质参数不全，如压力系数等)求得关键地质参数的权重为：总孔隙度的权重为 0.083，基质渗透率的权重为 0.107，黏土矿物的权重为 0.096，总含气量的权重为 0.225，天然裂缝发育程度的权重为 0.123，杨氏模量的权重为 0.113，泊松比的权重为 0.125，脆性矿物含量的权重为 0.128。

3. 甜度(欧氏贴近度)的计算

贴近度是描述两个模糊集合相似或者贴近程度的一个重要指标，采用欧氏贴近度来表征实际井甜度与标杆井甜度之间的接近程度，即实际井甜度的大小。欧氏贴近度的计算方法如下：

设 A 为由 $n-1$ 个待选井 $A_1, A_2, A_3, \cdots, A_{n-1}$ 及标杆井 A_n^* 组成的集合，P 是对应于待选井 $A_1, A_2, A_3, \cdots, A_{n-1}$ 及标杆井 A_n^* 的 m 个特征参数 $P_1, P_2, \cdots, P_m$ 组成的集合，按最大最小法求取由集合 A 到集合 P 的模糊矩阵 $\boldsymbol{R}$：

$$\begin{cases} \boldsymbol{R} = [r_{ij}]_{n \times m} \\ r_{ij} \in [0,1] \end{cases}, \quad i = 1,2,\cdots,n; \quad j = 1,2,\cdots,m \quad (3\text{-}5)$$

$$r_{ij} = \mu(x) = \begin{cases} 0, & x \le a_1 \\ (x - a_1)/(a_2 - a_1), & a_1 < x < a_2 \\ 1, & x \ge a_2 \end{cases} \quad (3\text{-}6)$$

式中，r_{ij} 为待选井 A_i 具有参数 P_j 特征的隶属度；x 为待选井或标杆井的任一特征参数；a_1 为待选井或标杆井的任一特征参数的最小值；a_2 为待选井或标杆井的任一特征参数的最大值。

将模糊矩阵 $\boldsymbol{R}$ 划分为 n 个次级模糊矩阵 $\boldsymbol{R}_1$, $\boldsymbol{R}_2$, $\cdots$, $\boldsymbol{R}_{n-1}$ 及 $\boldsymbol{R}_n^*$，计算 $\boldsymbol{R}_j$(j=1, 2, $\cdots$, n–1) 与 $\boldsymbol{R}_n^*$ 的接近程度，即欧氏贴近度：

$$\rho(\boldsymbol{R}_j, \boldsymbol{R}_n^*) = 1 - \sqrt{\frac{1}{m}\sum_{i=1}^{m}[\boldsymbol{R}_j(P_i) - \boldsymbol{R}_n^*(P_i)]^2} \tag{3-7}$$

4. 工程甜度的计算

页岩气井压裂施工中的压力曲线形态及施工规模是页岩可压性最真实的反映，笔者以文献[4]提出的脆性指数和远井可压性指数评价方法为基础，通过压裂施工破裂压力曲线形态计算得到近井工程甜点，通过计算总的加砂量与总的入井压裂液量的比值而得到远井工程甜点，两者的权重采用式(3-4)中灰色关联度的计算方法确定。页岩的工程甜度即定义为考虑近井工程甜点和远井工程甜点的综合指标。

5. 综合甜度计算

有了地质甜度及工程甜度后，最终的甜度应是综合考虑地质甜度与工程甜度的折中结果，这会涉及地质甜度与工程甜度的权重分配问题。同样，根据式(3-4)中灰色关联度的计算方法，考查压后产量与上述地质甜度及工程甜度的灰色关联度，按归一化原理求得各自的权重。

最终的甜度为

$$S = (S_G, S_E)(w_G, w_E)^T = S_G w_G + S_E w_E \tag{3-8}$$

式中，S 为页岩综合甜度；S_G 为地质甜度；S_E 为工程甜度；w_G 为地质甜度的权重因子；w_E 为工程甜度的权重因子。

3.1.3 应用实例

以在涪陵焦石坝页岩气田的应用为例，来说明甜度评价方法的适应性。

1. 标杆井(段簇)的确定

根据焦石坝页岩气田的地质参数与工程参数评价结果，确定标杆井的参数集合如下：

地质参数：总孔隙度为 5.79%，综合渗透率为 0.26mD，黏土矿物为 22%，总含气量为 3.49m³/t，天然裂缝发育程度为 0.43，杨氏模量为 51.3GPa，泊松比为 0.17，脆性矿物含量为 66.8%，工程参数：脆性指数为 0.51，施工液量为 1400m³，加砂量为 90m³。

2. 单井综合甜度分析

以焦石坝页岩气田 7 口井为例,其页岩甜点和甜度计算结果如表 3-1 所示。由表 3-1 可以看出,该气田页岩气甜度与无阻流量具有正相关性。图 3-1 为焦石坝页岩气田部分页岩气井无阻流量与计算的页岩综合甜点和综合甜度的关系。由图 3-1 可以看出,页岩综合甜度与无阻流量的相关性高于常规方法获得的综合甜点与无阻流量的相关性。因此,可优先选用甜度指标对目标区块页岩可压性进行评价。

表 3-1   焦石坝页岩气田 7 口井页岩甜点和甜度计算结果

井名	综合甜点	地质甜度	工程甜度	综合甜度	无阻流量/($10^4 m^3$/d)
A 井	0.26	0.26	0.29	0.28	10.13
B 井	0.42	0.36	0.62	0.51	16.74
C 井	0.39	0.40	0.66	0.55	27.6
D 井	0.53	0.34	0.52	0.44	41.32
E 井	0.46	0.56	1.00	0.82	81.92
F 井	0.41	0.39	0.74	0.59	102.29
G 井	0.38	0.39	0.72	0.58	155.83

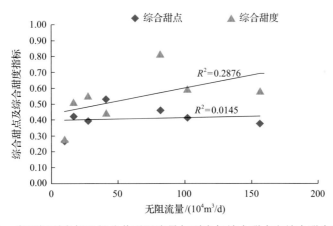

图 3-1   焦石坝页岩气田部分井无阻流量与页岩气综合甜点和综合甜度的关系

3. 单井不同段簇甜度分析

以涪陵某口页岩气井为例,分别在地面计量产量为 $1.0 \times 10^5 m^3$/d 和 $1.5 \times 10^5 m^3$/d 的工作制度下进行水平井产气剖面测试,测试结果与甜度对应关系如图 3-2 所示。由图 3-2 可以看出,在两个测试日产量下,综合甜度指标与气井单段产气量具有较好的正相关性,产量变化较大的压裂段为第 1、第 2、第 7、第 10 和第 13 段,其余压裂段产气量变化不大。该井仅第 4 段和第 11 段没有产量贡献,压裂产气有效段簇占比达 88.2%,高于国外有效段簇的比例(1/2~2/3),获得了较好的储层改造效果。

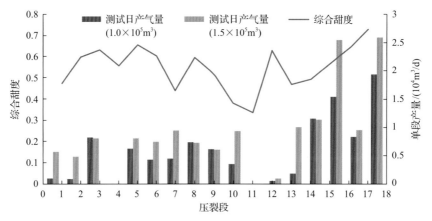

图 3-2 某口页岩气水平井产出剖面解释成果与综合甜度的关系

以 $1.0 \times 10^5 m^3/d$ 测试日产气量为例，某口页岩气水平井单段产量与综合甜点和综合甜度的关系如图 3-3 所示。由图 3-3 可以看出，随着甜度的增加，该井单段产量有增大的趋势，且综合甜度与单段产量的正相关性较常规方法计算的综合甜点与单段产量的正相关性更强。因此，应用甜度进行段簇设计有利于提高页岩气水平井分段压裂效果。

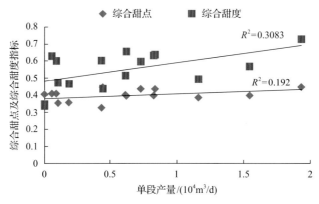

图 3-3 某口页岩气水平井单段产量与页岩气综合甜点和综合甜度的关系

3.2 常压页岩气可压性评价技术

可压性的概念分为狭义和广义两种，前者主要从页岩本身的破裂及裂缝延伸难易程度来衡量，后者则在上述狭义概念的基础上，将压后产量高低也作为重要的研判参数。

鉴于 3.1 节中已将压后产量高低的相关参数——甜度概念及计算模型等做了详细阐述，因此，本节的可压性主要是狭义的概念，但它既包括页岩起裂的难易程度（通常用脆性指数来表征），又包括裂缝延伸过程中形成复杂裂缝的可能性，以及该复杂缝容纳支撑剂的难易程度（既包括支撑剂粒径及体积，又包括施工砂液比的高低），下面分别进行阐述。

3.2.1　常压页岩脆性指数模型

顾名思义，所谓脆性指数是表征页岩硬脆性大小的衡量指标。显然，脆性指数越大，塑性越弱，页岩本身就越容易破裂；反之，脆性指数越小，则页岩越不容易破裂。

考虑到页岩基质的极低渗透性，页岩破裂机理不是常规的渗吸涨破，而是形变到一定程度时的弯曲破裂。页岩脆性指数越大，在提排量的过程中，随着井筒压力的不断加载，页岩形变逐渐加大，可能出现多点破裂的现象；反之，如果脆性指数越小，可能在达到最大排量时才出现明显的破裂点。

目前，页岩脆性指数的表征方法多种多样[5-8]，有的是基于矿物组分法，有的是基于岩石力学参数法，有的是基于压裂施工时的压力曲线及数据进行分析的方法。矿物组分法也有不同的表达方法，有的分子是单纯的石英矿物，有的还加上碳酸盐矿物，有的甚至加上长石矿物，分母是各种矿物组分之和。显然，上述分子中，不同的矿物组分组合因每种矿物的脆性还是有一定差异的，因此，不同表达方法获得的脆性指数差异性相对较大，且把碳酸盐及长石的脆性与石英矿物等同，也缺乏可对比性，且取心的代表性问题也值得商榷。此外，即使脆性矿物的含量相同，但如果分布形态不同的话，整体的脆性指数也会呈现出一定的差异性；岩石力学参数表征方法本质上采用应力-应变关系求取脆性，与现场基于压裂施工的破裂压力曲线机理相似[9-12]，但岩心尺寸相对较小，且同样存在岩心的代表性问题，因页岩的非均质性太强；基于压裂施工曲线尤其是破裂压力曲线求取页岩脆性指数应是最科学合理的方法，它最能反映页岩脆性在宏观上的综合力学特性，尤其当出现多点破裂情况时，可将破裂压力曲线进行局部放大处理。

3.2.2　裂缝延伸过程中形成复杂裂缝的可能性

常压页岩岩石破裂后，并不是所有的破裂点都能正常延伸形成自己的独立裂缝系统。只有最大主应力方向的破裂点才能最终延伸为一条主裂缝。其他方向的破裂点，因垂直于裂缝方向的应力相对较大，延伸的裂缝尺寸相对较小，尤其当主裂缝充分延伸后，大量的压裂液进入主裂缝中，其他方向的裂缝吸收压裂液的比例会越来越小。因此，压裂施工初期形成的多点破裂并未能真正形成有效的多个裂缝系统。要形成多个裂缝系统，必须在主裂缝中采用适当的措施[13]，大幅度提高其净压力，而诱导应力与上述净压力直接相关。一旦上述诱导应力突破页岩的原始水平应力差，则主裂缝周边会出现应力各向同性效应或接近应力各向同性效应，一旦在主裂缝某个位置或多个位置的不同方向，再次呈现新的破裂点，则该破裂点的裂缝就容易获得一定程度上的延伸，而且主裂缝净压力越大，相应诱导应力传播的区域越大，则应力反转区(两向水平应力接近的区域)面积也越大，主裂缝侧翼不同方向上新延伸的支裂缝及微裂缝转向半径也越大。换言之，最终的裂缝复杂性指数及改造体积也越大。

要形成上述复杂裂缝系统，主要取决于两个方面的因素：一是地质因素，如原始两向水平应力差、脆性指数、高角度天然裂缝充填程度及其与主裂缝的夹角，以及水平层理缝发育程度等。一般地，原始两向水平应力差越小、脆性指数越高、高角度天然裂缝充填程度越小且与主裂缝夹角越小、水平层理缝越发育，则复杂裂缝系统形成的概率越大，且裂缝的复杂性指数也越大。二是工程因素，如注入排量、提排量的速度、压裂液的黏度及体积、支撑剂体积及施工砂液比等。显然，注入排量越高、提排量的速度越快、压裂液的黏度越高、压裂液体积越大、支撑剂体积越大、施工的砂液比越高，则主裂缝的净压力也越大，出现复杂裂缝的概率及裂缝的复杂性指数也越大。如果上述工程参数已实现极值化并再无进一步优化和提升的空间，则还应采用缝内暂堵技术来迫使主裂缝净压力的大幅度提升。有时需要采用缝内多次暂堵技术才能获得主裂缝不同缝长处的大范围复杂裂缝的产生。且暂堵的顺序应从主裂缝的近井筒处到缝端处暂堵，更能促进复杂裂缝的大范围延伸，否则，只能是近井筒处复杂裂缝延伸较好(如缝端处先暂堵，则即使全缝长范围内出现大量的复杂裂缝，但由于注入的排量有限，每个复杂裂缝吸收的排量及压裂液量相对较少，因此，即使出现复杂裂缝，延伸的程度也很有限。而以后的暂堵，随着暂堵位置逐渐向近井筒处移动，复杂裂缝的延伸效果会越来越好)。

值得指出的是，要密切关注常压页岩的地质参数与工程参数的匹配性。如不同施工阶段主裂缝净压力与原始水平应力差的匹配，应避免主裂缝净压力过早超过原始水平应力差，因为那会导致主裂缝在延伸过程中的多次转向，而没有主延伸方向。一来，没有主导裂缝的存在，即使形成复杂的裂缝系统，其整体改造体积也会大受影响；二来，主裂缝的多次转向还带来早期砂堵的隐患，因裂缝转向处的缝宽都会相对较低，且在裂缝转弯处极易发生支撑剂的堆积而阻止后续支撑剂的正常运移和铺置。

此外，脆性指数与主裂缝的净压力也存在一个合适的匹配性问题：一方面，脆性指数越大，则主裂缝产生的诱导应力传播的区域越广，一旦诱导应力达到原始水平应力差的临界值，则主裂缝侧翼方向的支裂缝及微裂缝的转向半径也越大；另一方面，脆性指数越大，断裂韧性也越小，即主裂缝在延伸过程中，缝长的延伸速度要远大于缝宽的延伸速度，甚至缝宽基本不增加或增加的极少。换言之，脆性指数越大，主裂缝的净压力越难以建立起来，更难以维持持续的增长。因此，也存在一个合适的匹配度问题。

3.2.3 复杂裂缝系统内支撑剂运移及铺置的难易程度

形成复杂的裂缝系统后，如何确保不同尺度的裂缝系统内都有尽可能多的支撑剂运移和铺置，是确保裂缝改造体积转化为有效改造体积的关键。换言之，没有支撑剂支撑的裂缝，其导流能力仅靠剪切错位形成的不整合面的自支撑作用提供，在垂深2000m以浅的中浅层中尚有一定时间的自支撑效果，但当垂深超过2000m后，随闭合应力的增加，上述自支撑裂缝的导流能力快速降低，一旦其导流能力降为零后，则对应部分的裂缝改造体积也趋于零。

对复杂裂缝系统加砂而言，由于涉及流固两相流动，又涉及不同尺度裂缝的相互作用，支撑剂运移及铺置机理是非常复杂的。一般而言，在加砂早期，是低黏度压裂液携带小粒径支撑剂，后期是高黏度压裂液携带大粒径支撑剂。早期的低黏度压裂液易进入尺度相对较小的支裂缝及微裂缝中，相应地，其携带的小粒径支撑剂也有一部分随之进入小微尺度的支裂缝及微裂缝中，但仍有一部分小粒径支撑剂因密度差异导致的流动跟随性差的原因而滞留于尺度相对较大的主裂缝中，会对最终主裂缝的导流能力产生严重不利的影响。此外，当裂缝尺度变小之后，壁面粗糙度的影响程度大幅度增加，造成压裂液在其中流动的紊流效应，进一步阻碍支撑剂的运移和铺置。但这种壁面粗糙度也有利于在纵向上阻止支撑剂的沉降，这对提高小微尺度裂缝在缝端纵向上的支撑效率是大有裨益的。

特别需要指出的是，支裂缝及微裂缝等的形成时间早晚与进砂的时机匹配是直接相关的，早期形成时进缝的压裂液流速相对较大，此时携带支撑剂的流速也较大，便于小粒径及中粒径支撑剂的运移和铺置。但在上述支裂缝或微裂缝形成的中后期阶段，压裂液进入的速度越来越小，此时加入支撑剂就难以进入。因此，在现场加砂程序设计时，如小粒径及中粒径支撑剂的加入时机过晚，则最终三种粒径的支撑剂绝大部分都滞留于主裂缝中混杂分布，对压后多级裂缝的分级支撑效果极为不利。

而后期注入高黏度压裂液及大粒径支撑剂后，由于高黏滞阻力，其难以进入小微尺度的支裂缝及微裂缝中，只有在最大尺度的主裂缝中运移和铺置。显然，通过不同黏度压裂液携带不同粒径的支撑剂，具有自然选择作用，使不同粒径支撑剂尽量进入与其粒径匹配的裂缝系统中去。但难度在于不同黏度压裂液的体积比及注入模式的优化，如是顺序注入模式还是交替注入模式等。尤其需要强调的是小粒径支撑剂的注入时间要足够长，否则很难确保其运移到小微尺度支裂缝或微裂缝的深部位置。

由于很难将多尺度裂缝系统细分开来，就像一个黑箱，根据黑箱理论，进入黑箱的是不同黏度的压裂液和不同粒径的支撑剂，输出黑箱的是复杂裂缝系统的支撑剂吸纳能力，通常用等效施工砂液比来表征。所谓等效施工砂液比，主要针对常压页岩气采用不同黏度的压裂液（一般为低黏度或变黏度的降阻水和高黏度的胶液）及三种不同粒径的支撑剂。显然，不同黏度的压裂液携带支撑剂的能力不同，不同粒径的支撑剂进入地层的能力也不同，因此需要按某种等效的方法计算进入地层的总压裂液量及总支撑剂量。一般的等效方法是压裂液按黏度的差异进行对应折算，如胶液的黏度是降阻水的 5 倍，那么胶液量就得折算为降阻水的 5 倍的量。类似地，支撑剂按平均粒径进行折算，如 40-70 目的支撑剂较 70-140 目支撑剂的粒径大近 2 倍，则当统一折算为 70-140 目支撑剂量时，40-70 目就约相当于 2 倍的 70-140 目支撑剂量。以此类推。但同一地区的折算方法应一致起来，否则计算的等效施工砂液比就没有意义。按上述定义，等效施工砂液比越高，则不同尺度的裂缝内支撑剂充填得越饱满，则压后有效的裂缝改造体积及效果也应越大（在甜度相当的前提下）。

参 考 文 献

[1] Rickman R, Mullen M J, Petre J E, et al. A practical use of shale petrophysics for stimulation design optimization: All shale plays are not clones of the Barnett Shale. SPE 115258, 2008.

[2] 黄进, 吴雷泽, 游园, 等. 涪陵页岩气水平井工程甜点评价与应用. 石油钻探技术, 2016, 44(3): 16-20.

[3] 蒋廷学, 卞晓冰. 页岩气储层评价新技术——甜度评价方法. 石油钻探技术, 2016, 44(4): 1-6.

[4] 杨建, 付永强, 陈鸿飞, 等. 页岩储层的岩石力学特征. 天然气工业, 2012, 32(7): 12-14.

[5] 李庆辉, 陈勉, 金衍, 等. 页岩气储层岩石力学特性及脆性评价. 石油钻探技术, 2012, 40(4): 17-22.

[6] 李庆辉, 陈勉, 金衍, 等. 页岩脆性的室内评价方法及改进. 岩石力学与工程学报, 2012, 31(8): 1680-1685.

[7] Quinn J B, Quinn G D. Indentation brittleness of ceramics: A fresh approach. Journal of Materials Science, 1997, 32(16): 4331-4346.

[8] 王汉青, 陈军斌, 张杰, 等. 基于权重分配的页岩气储层可压性评价新方法. 石油钻探技术, 2016, 44(3): 88-94.

[9] 蒋廷学, 卞晓冰, 苏瑗, 等. 页岩可压性指数评价新方法及应用. 石油钻探技术, 2014, 42(5): 16-20.

[10] 王海涛, 蒋廷学. 一种页岩气远井地层可压性简易评价方法及其应用. 科学技术与工程, 2017, 17(15): 202-206.

[11] 卞晓冰, 蒋廷学, 贾长贵, 等. 基于施工曲线的页岩气井压后评估新方法. 天然气工业, 2016, 36(2): 60-65.

[12] 蒋廷学, 卞晓冰, 袁凯, 等. 页岩气水平井分段压裂优化设计新方法. 石油钻探技术, 2014, 42(2): 1-6.

[13] 蒋廷学. 页岩油气水平井压裂裂缝复杂性指数研究及应用展望. 石油钻探技术, 2013, 41(2): 7-12.

第4章 常压页岩气射孔技术

常压页岩气储层渗透率低、原始地层能量不足，压裂时需采用多簇射孔方式获得更多的裂缝数量，提高地层的有效改造体积，以获得更高的产量。

根据水平井钻探情况，依据测井数据、气测显示、漏失以及固井质量综合评价等情况，射孔位置主要为找准甜点位置，避开套管接箍和扶正短节位置。射孔位置的确定应遵循以下原则：

(1) 选择脆性指数高的地方射孔。

(2) 应选择在 TOC 较高的位置射孔。

(3) 选择气测显示较高的部位射孔。

(4) 选择在孔隙度、渗透率高的部位射孔。

(5) 选择在地应力差异较小的部位射孔。

(6) 选择固井质量好的部分射孔。

(7) 避射接箍和扶正短节位置。

4.1 常规簇射孔技术

针对页岩气储层复杂的层理构造特征，在岩石类材料非均质性的基础上，从细观力学角度出发，建立了考虑地层各向异性的二维水力压裂模型。重点考虑页岩层理弱面对裂缝起裂与扩展的影响，从有效利用缝间应力干扰和降低破裂压力的角度进行簇射孔方案优化。

4.1.1 数学模型的建立

对岩石破裂失稳过程的研究，目前主要依赖于现场观测和相关物理试验。现场观测对大型工程问题具有较好的说明性，但受现场条件、人力、物力等限制较大，不能作为有效的研究手段。经过 30 多年的发展，目前已出现了众多岩石力学数值计算方法与商业软件[1-8]，使用最多的三种方法为有限单元法、边界元法和离散元法，且都有广泛应用的数值计算软件。但它们有一个共同缺陷，即不能计算岩石受力状态下的破裂全过程，这极大地限制了其工程应用，而细观力学方法是解决这一缺陷的极好选择。从细观角度出发，利用岩石细观结构的非均匀性在整体上表现出的复杂宏观力学行为，逐渐成为岩石破裂过程数值计算的研究方向。

数值计算软件 RFPA^{2D}(全称为岩石真实破裂过程分析系统)是以弹性力学、损伤力学及 Biot 渗流理论为基本原理，考虑细观结构非均匀性和流固耦合作用的岩石破裂过程分析系统。其主要理论基础为基于微元强度统计分布建立的反映岩石材料微观(细观)非均匀性与变形非线性相联系的弹性损伤模型，并将材料的非均质性及缺陷的随机性通过统计分布与有限元相结合，用有限元作为应力求解器，通过弹性损伤理论及修正后的 Mohr-Coulomb 准则对单元进行变形及破裂处理，实现对非均匀材料破裂过程的模拟。

模型建立符合如下基本条件：①将实际模型离散为由大量细观基元组成的数值模型，细观基元为各向同性的弹-脆性介质；②离散化的细观基元的力学参数服从 Weibull 分布，以建立细观与宏观力学性质的联系；③根据弹性力学中应力、应变的求解方法对基元进行应力、应变状态分析；④以最大拉伸强度准则和 Mohr-Coulomb 准则为损伤阈值对单元进行损伤判断；⑤基元相变前后均为线弹性体，且其力学性质随演化的发展不可逆；⑥岩石中的裂纹扩展是一个准静态过程，忽略快速扩展引起的惯性力影响。

1. 非均质性描述

对岩石材料，由于矿物晶体、胶结物晶体及各种微缺陷等的分布不同，不同位置的力学性质存在较大差异，不能用相同的特征值进行描述。Weibull 于 1939 年提出了用统计数学方法表征材料的非均匀性，并用具有门槛值的幂函数描述其强度分布规律。在 RFPA^{2D} 系统中，用 Weibull 统计分布函数来描述离散后基元体力学性质的分布规律，即

$$\varphi(\alpha) = \frac{m}{\alpha_0} \left(\frac{\alpha}{\alpha_0} \right)^{m-1} e^{-\left(\frac{\alpha}{\alpha_0} \right)^m} \tag{4-1}$$

式中，α 为岩石基元力学性质参数(强度、弹性模量)，MPa；α_0 为基元力学性质的平均值，MPa；m 为分布函数的形态参数，反映了岩石的均质性，定义为均质度系数；$\varphi(\alpha)$ 为基元力学参数 α 的统计分布密度，MPa^{-1}。

式(4-1)反映了细观力学性质的非均匀分布特点，随着均质度系数 m 的增加，力学性质趋于一个狭窄的范围，均质性较强；随着 m 的减小，基元力学性质分布范围变宽，且峰值降低，岩石均质性较弱，非均质性较强。

2. 本构关系模型

损伤力学为材料破坏机理的研究提供了一个重要思路。当材料受力变形时，内部首先出现细观损伤，形成大量微裂纹，微裂纹逐步发展形成宏观裂纹，最终导致材料断裂破坏。从损伤力学角度，考虑材料的损伤过程，建立一维损伤模型：

$$\sigma = (1-D)\sigma_e = E(1-D)\varepsilon \tag{4-2}$$

式中，σ 为平均应力，MPa；σ_e 为有效应力，MPa；E 为无损岩石介质的弹性模量，MPa；ε 为应力加载后的应变；D 为损伤参量，单轴应力状态下，在物理意义上可理解为微裂纹在整个材料中所占的体积比率，$D=0$ 表示材料完好无损，$D=1$ 表示材料完全损伤。

一维损伤模型真实地描述了岩石的非均匀性导致破坏的非线性原理，参数 D 的表达则是能否获得准确本构关系的关键。考虑到岩石性质极不均匀，可用统计学观点，对岩石内部损伤进行描述。损伤参量 D 与基元体破坏的统计分布密度的关系为

$$\frac{\mathrm{d}D}{\mathrm{d}\varepsilon} = \varphi(\varepsilon) \tag{4-3}$$

由式(4-1)和式(4-3)得损伤参量的表达式为

$$D = \int_0^\varepsilon \varphi(x)\,\mathrm{d}x = 1 - \mathrm{e}^{-\left(\frac{\varepsilon}{\varepsilon_0}\right)^m} \tag{4-4}$$

式中，ε_0 为基元体应变参数的平均值。

将式(4-4)代入式(4-2)得

$$\sigma = E\varepsilon \mathrm{e}^{-\left(\frac{\varepsilon}{\varepsilon_0}\right)^m} \tag{4-5}$$

式(4-5)即为基元强度按 Weibull 分布时对应的岩石单轴受压本构方程。

3. 渗流-应力耦合基本方程

目前已有大批学者就渗流-应力耦合分析理论及与之相关的数值模型及计算程序进行研究[2-5]。虽然这些数值模型或计算程序都能在一定程度上解决岩石的破裂问题，但都很难描述岩石内部复杂的孔隙结构及其与水压作用下裂纹扩展过程的关系，同时也没有考虑非裂纹单元的渗透率和力学机制。而 RFPA^{2D} 基于损伤力学及 Biot 渗流理论，引入弹性损伤本构关系，以及损伤变量与孔隙压力、渗透系数间的关系方程，建立了岩石渗流-损伤耦合模型，从细观力学角度解释了宏观工程岩体流固耦合作用下的失稳、破裂特性。岩石渗流-损伤耦合模型中假设流体在岩石介质中的流动遵循 Biot 渗流理论，Biot 渗流-应力耦合作用的基本方程为

平衡方程：

$$\sigma_{ij} + \rho X_j = 0, \quad i,j = 1,2,3 \tag{4-6}$$

几何方程：

$$\varepsilon_{ij} = \frac{1}{2}(u_{ij} + u_{ji}) \tag{4-7}$$

$$\varepsilon_v = \varepsilon_{11} + \varepsilon_{22} + \varepsilon_{33} \tag{4-8}$$

本构方程：

$$\sigma'_{ij} = \sigma_{ij} - \alpha' p\delta_{ij}\varepsilon_v + 2G\varepsilon_{ij} \tag{4-9}$$

渗流方程：

$$K\nabla^2 p = \frac{1}{\alpha}\frac{\partial \varepsilon_v}{\partial t} - \alpha'\frac{\partial \varepsilon_v}{\partial t} \tag{4-10}$$

式(4-6)～式(4-10)中，ρ 为体积力密度；σ_{ij} 为正应力，MPa；ε_{ij} 和 ε_v 分别为应变和体

应变；u_{ij} 为位移分量；α' 为孔隙压力系数；p 为孔隙水压力，MPa；δ 为 Kronecher 函数；K 为渗透系数，m/d；α 为 Biot 系数。

式(4-6)～式(4-10)为 Biot 经典渗流理论的表达式，但由于 Biot 渗流理论中没有涉及应力引起的渗透性的变化，不能满足动量守恒，考虑到应力对渗流的影响，补充耦合方程：

$$K(\sigma, p) = \xi K_0 e^{-\beta(\sigma_{ii}/3 - \alpha' p)} \tag{4-11}$$

式中，K_0 为初始渗透系数，m/d；ξ 为渗透突跳系数；β 为耦合系数。

4. 渗流-损伤耦合方程

当单元的应力或应变状态满足特定的损伤阈值时，单元开始出现损伤，损伤后单元的弹性模量为

$$E = (1-D)E_0 \tag{4-12}$$

式中，E 为损伤后单元的弹性模量，GPa；E_0 为无损伤后单元的弹性模量，GPa。

以单轴压缩和拉伸本构关系为例，介绍单元的渗透-损伤耦合方程。单轴压缩时，采用 Morh-Coulomb 准则作为破坏准则，当单元的剪应力达到损伤阈值时应力存在如下关系：

$$\sigma_1 - \sigma_3 \frac{1+\sin\varphi}{1-\sin\varphi} \geqslant \sigma_c \tag{4-13}$$

式中，φ 为岩石的内摩擦角，(°)；σ_c 为岩石的抗压强度，MPa。

损伤变量可表示为

$$D = \begin{cases} 0, & \varepsilon < \varepsilon_c \\ 1 - \dfrac{\sigma_{cr}}{E_0 \varepsilon}, & \varepsilon \geqslant \varepsilon_c \end{cases} \tag{4-14}$$

式中，σ_{cr} 为压破坏残余强度，MPa；ε_c 为最大压应变。

试验发现，损伤将导致渗透突跳系数增大，从而使渗透系数增大。单元渗透系数可表示为

$$K = \begin{cases} K_0 e^{-\beta(\sigma_1 - \alpha' p)}, & D = 0 \\ \xi K_0 e^{-\beta(\sigma_1 - \alpha' p)}, & D > 0 \end{cases} \tag{4-15}$$

式(4-15)为单轴压缩时对应的渗透系数-损伤耦合方程。拉伸试验中，单元拉应力达到抗拉强度 σ_t 时产生拉伸破坏：

$$\sigma_3 \leqslant -\sigma_t \tag{4-16}$$

拉应力达到损伤阈值时，损伤变量可表示为

$$D = \begin{cases} 0, & \varepsilon < \varepsilon_t \\ 1 - \dfrac{\sigma_{tr}}{E_0 \varepsilon}, & \varepsilon_{max\text{-}t} \leqslant \varepsilon < \varepsilon_t \\ 1, & \varepsilon \leqslant \varepsilon_{max\text{-}t} \end{cases} \tag{4-17}$$

式中，σ_{tr} 为拉破坏残余强度，MPa；ε_t 为最大拉应变；$\varepsilon_{max\text{-}t}$ 为极限拉应变。

拉伸状态下，渗透系数-损伤耦合方程为

$$K = \begin{cases} K_0 e^{-\beta(\sigma_3 - \alpha' p)}, & D = 0 \\ \xi K_0 e^{-\beta(\sigma_3 - \alpha' p)}, & 0 < D < 1 \\ \xi' K_0 e^{-\beta(\sigma_3 - \alpha' p)}, & D = 1 \end{cases} \tag{4-18}$$

式中，ξ' 为基元完全破坏时对应的渗透系数增大系数。

以上为结合单轴压缩试验推导出的渗流-损伤耦合模型。考虑到拉伸试验较少，拉伸状态下的模型是在压缩模型基础上，简单地假设应力和渗透率的关系满足负数方程，并延伸到拉伸坐标轴得到。

对三轴应力状态下的耦合方程，可在一维压应力本构关系的基础上，单轴压应变用最大压缩主应变 ε_1 代替，最大主应力 σ_1 用平均主应力 $\sigma_{ii} / 3$ 代替，最终得到的三维应力状态下的渗透系数可表示为

$$K = \begin{cases} K_0 e^{-\beta(\sigma_{ii}/3 - \alpha' p)}, & D = 0 \\ \xi K_0 e^{-\beta(\sigma_{ii}/3 - \alpha' p)}, & D > 0 \end{cases} \tag{4-19}$$

5. 渗流-应力-损伤耦合模型的分析计算过程

由于渗流-应力-损伤耦合方程组为高度非线性抛物型方程组，采用级数和积分变换法只能对少数简单问题进行求解，通常情况下，只能求取数值解。RFPA^{2D} 系统中，需充分保证渗流计算与应力计算的独立性，分别建立渗流计算和应力计算的代数方程组，对渗流场和应力场进行计算，再根据相互存在的耦合项进行迭代，直至满足一定的迭代误差 ω 为止。

4.1.2　射孔参数优化

受限于页岩储层力学参数分布规律的复杂性，大量水力裂缝扩展数值模拟都是在假设地层为均质各向同性基础上得到的。然而，页岩在成岩过程中形成的沉积层理，对岩体的强度、破裂过程及稳定性均起主要控制作用。因此，在分析页岩地层水力裂缝扩展过程时需考虑层理的影响作用。

页岩基质体力学及层理力学关键参数如表 4-1 所示。数值计算时，水压加载方式为单步增量 0.1MPa，逐渐加载至地层完全破裂。模型四个边的渗流边界设定为水头初始值和增量均为零。地应力分别设定为垂向地应力和最大水平地应力。

出于射孔完井方式下，射孔通道处将最先开始起裂，以下数值模型都以射孔孔眼附近地层为研究对象。分别开展了射孔完井方式下，不同射孔直径、射孔间距、射孔深度对破裂压力及裂缝演化的影响研究。

表 4-1 页岩基质体力学及层理力学参数表

参数	页岩基质体	页岩层理
均质度/m	10	10
平均弹性模量/GPa	21.7	11.9
平均抗压强度/MPa	104.2	43.3
内摩擦角/(°)	29	25
压拉比	11	1
泊松比	0.23	0.21
密度/(g/cm³)	2.55	1.6
孔隙度/%	2	10
渗透系数/(m/d)	0.00001	0.001
残余强度系数	0.1	0.1
最大拉应变系数	1.5	1.5
最大压应变系数	200	200

数模计算中垂向应力取 58MPa，最大水平地应力为 63MPa，最小水平地应力为 49MPa。边界荷载为：σ_v=58MPa，σ_h=49MPa。通过对露头页岩的观测描述及室内水力压裂物理模拟实验分析，设定页岩储层的强胶结与弱胶结比为 19：1。

计算得出了含天然弱层理面与不含弱层理面条件下射孔孔眼破裂时裂缝演化图，如图 4-1 和图 4-2 所示。可知，页岩天然弱层理面为裂缝扩展提供了屏障，在数值模拟中需考虑天然弱层理面的影响。

 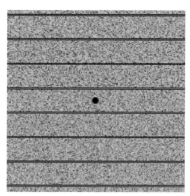

(a) 不含天然弱层理面　　　　　　　(b) 含天然弱层理面

图 4-1 页岩储层示意图

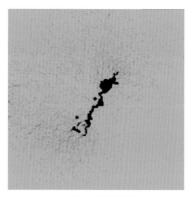 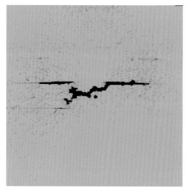

(a) 不含天然弱层理面 　　　　　　　　(b) 含天然弱层理面

图 4-2　水力裂缝演化图

1. 射孔直径对裂缝形态及破裂压力的影响

射孔孔眼直径是射孔设计的一个重要参数。考虑到射孔孔眼尺寸较小，而初始起裂影响范围较小，数值模型尺寸为 300mm×300mm，单元划分规模为 300×300。对不同射孔参数情况下页岩储层的水力压裂过程进行了数值模拟。设定模型横切射孔孔眼，使射孔方向沿最大水平地应力方向。射孔直径分别为 6mm、8mm、10mm、12mm、14mm、16mm、18mm、20mm，射孔孔眼破裂时裂缝演化如图 4-3 所示。

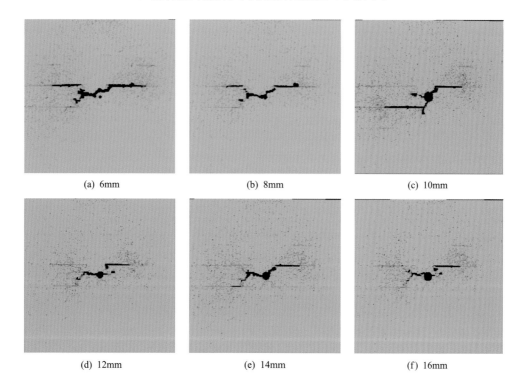

(a) 6mm 　　　　　　　(b) 8mm 　　　　　　　(c) 10mm

(d) 12mm 　　　　　　　(e) 14mm 　　　　　　　(f) 16mm

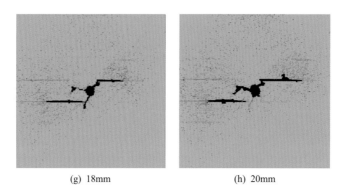

(g) 18mm   (h) 20mm

图 4-3　不同射孔直径下页岩地层水力裂缝演化图

在含弱层理面页岩地层，随着注入压裂液的增加，水力裂缝在射孔两端部首先起裂，裂缝初始垂直于最小水平主应力；当水力裂缝扩展至层理时，由于层理强度较低、渗透性较强，压裂液更易沿层理渗透，水力裂缝在层理处垂直分叉、转向，产生了沿层理扩展的次生裂缝，而主裂缝继续沿垂直层理方向延伸，但其扩展速度明显较沿次生裂缝慢；当沿层理扩展的次生裂缝延伸一定距离后，由于压裂液在水力通道内流动时沿程摩擦及滤失增大，压裂液已不足以使沿层理扩展的次生裂缝继续快速延伸，故在井眼层理处又起裂了沿层理扩展的次生裂缝，复杂水力通道的形成阻止了裂缝的快速扩展，只有加大排量才能保证水力主裂缝和次生裂缝的继续快速延伸，从而沟通更多的层理或天然裂缝，形成更复杂的裂缝网络。

根据声发射事件-加载步曲线来判断其破裂压力，由此得到了其破裂压力随射孔直径变化关系曲线如图 4-4 所示。

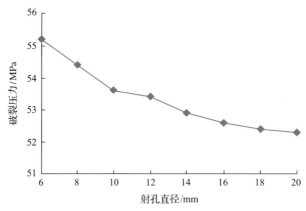

图 4-4　含层理射孔直径与破裂压力关系图

当射孔直径变大时，破裂压力呈缓慢下降趋势，但随着射孔直径增大至 14mm 以上时，其对破裂压力的影响趋势减弱。当射孔直径由 6mm 增大到 20mm 时，含层理页岩破裂压力由 55.20MPa 降低到 52.30MPa，而不同射孔直径条件下的破裂模式基本类似，发生拉伸破坏的裂缝主要发生在孔眼附近位置，裂缝初始垂直于最小水平主应力。结合现场射孔枪参数，优选射孔直径参数为 10～14mm 为宜。

2. 射孔密度对裂缝形态及破裂压力的影响

模型取 3000mm×3000mm，单元划分规模为 300×300。设定射孔方向沿最大水平地应力方向，孔径为 10mm，射孔密度为 10～24 孔/m；射孔位于模型的中心位置，并在同一水平方向的中心线上。

图 4-5 为不同射孔密度对应的页岩地层水力裂缝演化图。可以看出，压裂液持续泵注条件下，射孔孔眼周围存在明显的应力干扰，各射孔之间相互贯通，且当其中一个或两个射孔起裂后，会抑制其余射孔位置处的起裂。先起裂射孔周围裂缝扩展起主导地位，在扩展过程中逐渐合并为一条主裂缝。图 4-6 为不同射孔密度对破裂压力的影响，破裂压力随射孔密度的增加而减小，当射孔密度增大为 16～18 孔/m 时，破裂压力随孔密的增加

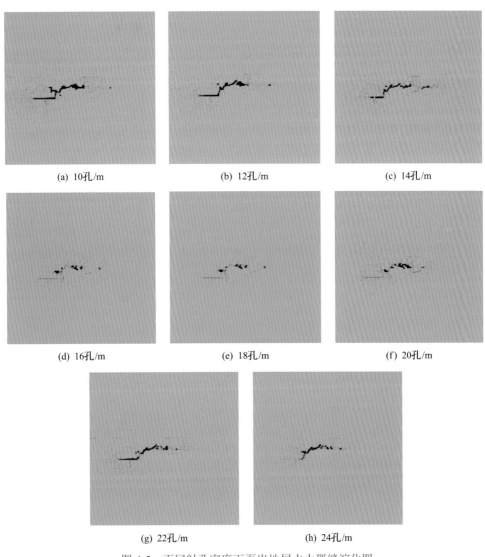

(a) 10孔/m　　　　　(b) 12孔/m　　　　　(c) 14孔/m

(d) 16孔/m　　　　　(e) 18孔/m　　　　　(f) 20孔/m

(g) 22孔/m　　　　　(h) 24孔/m

图 4-5　不同射孔密度下页岩地层水力裂缝演化图

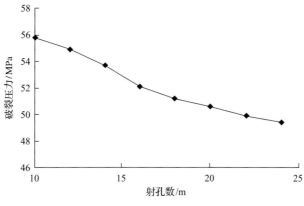

图 4-6 射孔密度与破裂压力关系图

趋于平缓，多孔应力集中效应的相互影响程度逐渐增加。因此可以将 16~18 孔/m 作为优化后的射孔密度，这样既保证了地层破裂压力较低，也兼顾了过多射孔给套管强度所带来的影响。

3. 射孔深度对裂缝形态及破裂压力的影响

计算模型取 3000mm×3000mm，单元划分规模为 300×300，射孔直径为 10mm。建立射孔方向垂直于最大水平地应力的计算模型，射孔深度分别取 0.1~1.0m，以 0.1m 为间隔。

射孔深度对裂缝形态的影响如图 4-7 所示，由图可知，在射孔深为 0.1m 时，射孔端部恰好位于预设弱层理位置，起裂后裂缝即转向沿层理面方向扩展；其余射孔深度条件下，初始裂缝沿射孔方向扩展，在主裂缝延伸中遇到弱层理后沟通层理面，各射孔深度之

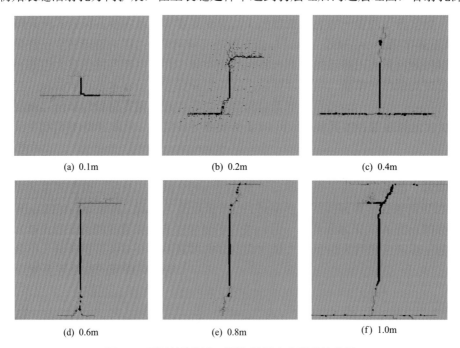

(a) 0.1m   (b) 0.2m   (c) 0.4m

(d) 0.6m   (e) 0.8m   (f) 1.0m

图 4-7 不同射孔深度下页岩地层水力裂缝演化图

间的演化趋势大致类似。在主裂缝方向对地层进行局部弱化，在主压裂缝周围一定范围内形成次生裂缝，在弱层理面延伸受阻后，主裂缝仍可继续扩展，形成复杂裂缝。射孔深度对破裂压力的影响如图4-8所示，随射孔深度增加，对应初始破裂压力有小幅降低，当射孔深度为0.5～0.6m时，破裂压力随射孔深度的增加变化不大，且更利于主裂缝与层理裂缝的沟通，优选射孔深度为不小于0.5m。

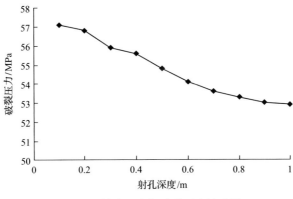

图4-8 射孔深度与破裂压力关系图

4. 多簇射孔对裂缝形态的影响

模拟双簇不同间距条件下裂缝延伸形态，模型尺寸取为100m×100m，在模型中预制双簇起裂位置。分别研究了双簇间距为5m、15m、20m、30m、40m时，双簇射孔裂缝起裂及扩展演化情况，如图4-9所示。

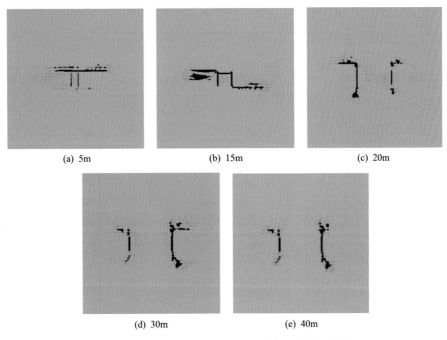

图4-9 不同簇间距下页岩地层水力裂缝演化图

由裂缝演化形态图可知，簇间距在 15m 以内时，缝间干扰特征明显，主裂缝周围层理弱面相互沟通，在小范围内形成团簇状的压裂缝。簇间距为 20m 以上时，簇间干扰逐渐减弱，主要为主裂缝的继续延伸。

4.2 平面射孔技术

4.2.1 技术优势

常规的螺旋式射孔方式，各射孔簇开始起裂时都为单孔起裂模式，此时单孔排量一般低于 0.3m³/min。如果每个射孔孔眼均有裂缝起裂并延伸，则会产生多条裂缝相互干扰的情况(孔密 16孔/m 时的缝间距为 0.06m)，射孔簇内因诱导应力叠加导致应力整体加大，进而使得多裂缝整体延伸受限。但页岩具有较强的非均质性，根据室内模拟及现场监测结果，每簇可能仅有 1 条或 2～3 条裂缝起裂。此时，单孔流量势必大幅度增加，孔眼摩阻大幅增加，不利于裂缝的充分延伸。

因此提出了平面射孔[9,10]模式(图 4-10)，类似于直井的定向射孔，但直井定向射孔对裂缝方位的要求非常精确，而平面射孔对此无严格要求。

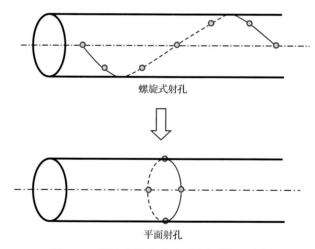

图 4-10 螺旋式射孔及平面射孔对比示意图

通过对套管破坏强度的计算(图 4-11)，只要平面射孔数量小于 10 孔，对套管的破坏强度与螺旋式射孔的 16孔/m 相当。

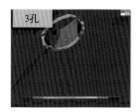  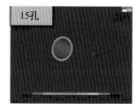

平均Mises应力412MPa　　平均Mises应力657MPa　　平均Mises应力747MPa

(a) 螺旋射孔整体Mises应力云图

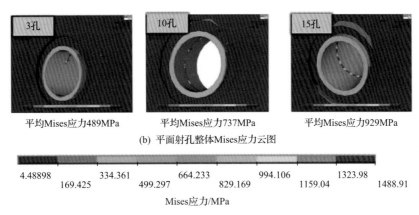

(b) 平面射孔整体Mises应力云图

图 4-11 平面射孔与螺旋射孔对套管破坏的 Mises 应力对比

常规的螺旋射孔具有簇内多裂缝起裂、诱导应力干扰严重、造缝效率低等局限性，相较而言，平面射孔具有以下优势：①促进多簇裂缝均衡延伸，压裂液通过多孔进入同一裂缝，利于各孔处起裂的裂缝会聚成与井筒垂直的裂缝面，降低了近井裂缝面弯曲度，裂缝可扩展得更加充分，也可降低破裂压力；②提高裂缝复杂性，平面射孔可有效提高诱导应力作用范围，如图 4-12 所示，缝内净压力越高，效果越显著，最终促使裂缝复杂化；③减少压裂车组，与螺旋射孔相比，平面射孔压裂段簇不变时，由于减少了射孔总数，在保证单孔流量的基础上，排量 $5\sim7m^3/min$ 即可，沿程摩阻降低 $25\sim30MPa$，对设备水马力的需求大幅度降低，压裂车组数降至 1/3；④缩短施工周期，与螺旋射孔相比，在保持施工排量相同的条件下，平面射孔采用射孔密度为 $4\sim6$ 孔/周时，可将射孔簇数提高至原来的 $2\sim3$ 倍，螺旋射孔和平面射孔的段簇划分如图 4-13 所示，平面射孔可以达到少段多簇的效果，从而提高作业效率、降低施工周期和成本。

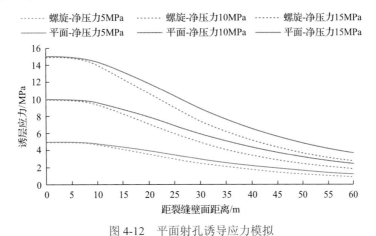

图 4-12 平面射孔诱导应力模拟

螺旋射孔和平面射孔对裂缝扩展几何尺寸的影响如图 4-14 所示。软件模拟结果表明，平面射孔可有效提高改造体积 SRV。在总液量 $1800m^3$、排量 $12m^3/min$、5 簇/段的条件下，采用平面射孔 4 孔/周与螺旋射孔孔密 20 孔/m 对比：平面射孔可使缝高提高 6.3%，缝宽提高 7.8%，缝长提高 18.5%，有效改造体积提高 18.6%。在总液量 $2200m^3$、排量

14m³/min、5 簇/段的条件下，采用平面射孔 4 孔/周与螺旋射孔孔密 20 孔/m 对比：平面射孔可使缝高提高 6.3%，缝宽提高 4.6%，缝长提高 7.2%，有效改造体积提高 19.8%。

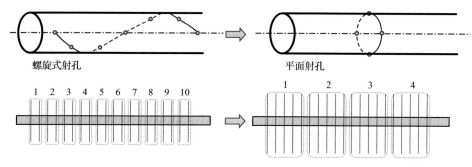

图 4-13　螺旋射孔与平面射孔的对比

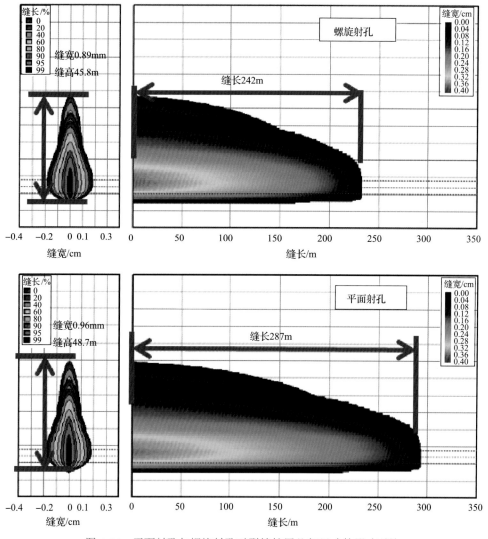

图 4-14　平面射孔与螺旋射孔对裂缝扩展几何尺寸的影响对比

　　螺旋射孔和平面射孔气藏数值模拟模型如图 4-15 所示，长期生产动态预测结果见图 4-16，平面射孔方式 SRV 明显高于螺旋射孔方式，累计产量提高 28.5%。

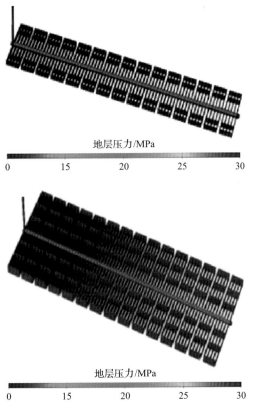

图 4-15　螺旋射孔和平面射孔气藏数值模拟模型

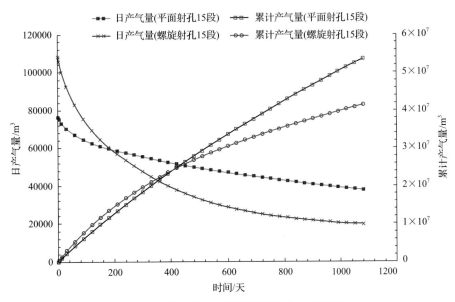

图 4-16　螺旋射孔和平面射孔生产动态预测

4.2.2 射孔枪参数

研制的平面射孔枪如图 4-17 所示，主要参数如下：平面射孔器外径 89mm，枪长 1000mm，射孔弹规格 BH44，装药量 25g，布弹方式为临孔夹角 60°，2 簇，6 发/簇，共 12 发，试验套管规格 5 1/2″，长度 1450mm，钢级 J55，壁厚 7.72mm。

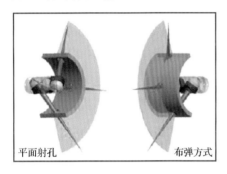

图 4-17 平面射孔枪

射孔器试验后，射孔弹发射率 100%，枪身最大胀形量 3mm，套管试验后，套管上孔眼定位、孔眼定面效果良好，如图 4-18 所示。

图 4-18 平面射孔枪射孔试验

参 考 文 献

[1] 唐颖, 唐玄, 王广源, 等. 页岩气开发水力压裂技术综述. 地质通报, 2011, 30(2-3): 393-399.

[2] 陈勉, 金衍, 张广清. 石油工程岩石力学. 北京: 科学出版社, 2008.

[3] 李庆辉, 陈勉, 金衍. 含气页岩破坏模式及力学特性的试验研究. 岩石力学与工程学报, 2012, (增 2): 31(2): 3763-3771.

[4] 彭光忠. 单轴压应力下页岩岩块的结构面方向与其力学特性的关系. 岩土工程学报, 1953, 5(2): 101-109.

[5] 贾长贵, 陈军海, 郭印同, 等. 层状页岩力学特性及其破坏模式研究. 岩土力学, 2013(增 2), 34(2): 57-61.

[6] 陆明万, 罗学富. 弹性理论基础. 北京: 清华大学出版社, 2001.

[7] 潘林华, 张士诚, 程礼军, 等. 水平井多段分簇压裂簇间距干扰的数值模拟. 天然气工业, 2014, 34(1): 74-79.

[8] 尹建, 郭建春, 曾凡辉. 水平井分段压裂射孔间距优化研究. 石油钻探技术, 2012, 40(5): 67-70.

[9] 蒋廷学, 卞晓冰, 王海涛, 等. 深层页岩气水平井体积压裂技术. 天然气工业, 2017, 37(1): 90-96.

[10] 蒋廷学, 王海涛, 卞晓冰, 等. 水平井体积压裂技术研究与应用. 岩性油气藏, 2018, 30(2): 1-11.

第5章　常压页岩气多尺度裂缝破裂及延伸机制

常压页岩气的裂缝起裂和扩展规律与高压页岩气有很大的差异性，主要差异在于缝高延伸受限及段内更多簇射孔时缝间的强应力干扰效应。缝高的受限必然造成水平层理缝的大范围开启现象；而段内更多簇的射孔，则造成单簇排量的大幅度降低，进一步加剧了缝高的受限程度。因此，常规的少段多簇压裂思路需要精心模拟论证，而并非段内簇数越多越好。下面分别从物理模拟和数值模拟的角度分别进行详细阐述。

5.1　常压页岩气单簇裂缝起裂与扩展物理模拟方法

5.1.1　物理模拟试验系统

室内大型水力压裂物理模拟试验系统主要包括三部分，即真三轴加载系统、压裂液泵压伺服泵压控制系统和 Disp 声发射监测定位系统。

1. 真三轴加载系统

室内水力压裂需模拟地层三向应力环境，大型岩土工程模型试验机是三向加载电液伺服真三轴模型试验机，如图 5-1 所示。

图 5-1　大型真三轴物理模型试验机

(1)该装置具有真三轴模型试验功能，X(左右向)、Y(垂直向)、Z(前后向)三个方向均由轴向加载系统独立加压，能更加真实地模拟地下岩层的受力情况。

(2)该装置加载的吨位较大，X、Y、Z 三个方向所加最大载荷均可达到 3000kN，可以模拟高应力条件地下试样的真实受力状态。

(3)加压过程中，X、Y、Z 三个方向通过连接板、传力板及定向机构等装置，把轴向加载系统的力均匀地传到试件的各个受力面上,较好地解决了以往模型试验采用千斤顶直接加载所导致的压力均匀性偏差较大,以及采用柔性囊加载行程偏小、强度偏低的技术难题。

(4)放入模型试验机的试样同一受力方向两个面同时加载,在加载过程中试样的中心位置通过程序控制可以保持不变,有效避免了试样偏心受力和弯矩的产生。

2. 压裂液泵压伺服控制系统

如图 5-2 所示,该系统技术参数如下:配备 100MPa 压力传感器,分辨率 0.05MPa,测量精度 1%;配备 210mm 位移传感器,分辨率 0.04mm(折合成体积分辨率为 0.15mL),精度 1%;增压器有效容积 800mL,进油口和回油口都配备蓄能器,以提高系统动态响应,并保证伺服阀的工作稳定性。

图 5-2 压裂液泵压伺服控制系统

3. Disp 声发射监测系统

Disp 声发射测试系统是美国物理声学公司研制,应用于岩石及岩体声发射监测、金属材料检测、航空航天材料检测、压力容器检测、桥梁和管道检测等领域[1]。

采用 8 只 Φ22mm×36.8mm 声发射探头,工作频率为 15~70kHz,中心频率为 40kHz,并添置相应的放大器。为提高监测效果,前期进行了多次试验,优化后采用在模拟水平地应力方向(最大/最小)四个端面各非对称放置两只声发射探头,采用耦合剂将探头与试样黏结,以便有效监测内部裂缝起裂信息。

人工制备 300mm×300mm×300mm 试样,采用真三轴模型试验机模拟施加三向应力,泵压伺服控制系统可控制压裂液排量,Disp 声发射监测水力压裂裂缝起裂,同时采用压裂前后 CT 断面扫描、在压裂液中添加示踪剂等多种方式,对真三轴压缩条件下的水力压裂裂缝扩展形态进行研究。

5.1.2 物理模拟试验流程

真三轴水力压裂试验示意图如图 5-3 所示。

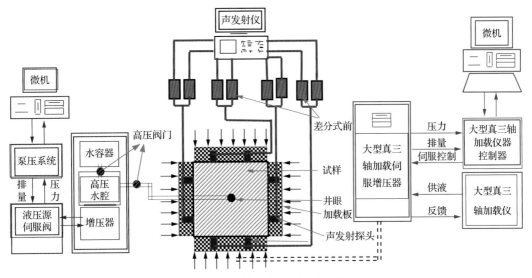

图 5-3　真三轴水力压裂试验示意图

1. 试样制备

采用外径 24mm 金刚石钻头完成深 170mm 预制井眼。割缝套管采用外径 20mm、内径 15mm 高强度钢管，在 135~165mm 位置，对称切割 1.5mm 宽的水力通道，底端焊接封闭，上端内置螺纹与水力压裂泵管线密封连接。套管割缝位置采用棉纱充填，采用高强度黏结剂将套管与预制井眼封固，第一阶段设定割缝位置与最大水平主应力方向夹角为 45°。

2. 参数选取

控制水力裂缝起裂扩展的七个关键参数[2]如下：压裂时间 t，井筒半径 r_w，排量 i，裂缝张开模量 $\overline{E}$，断裂韧性 K_{Ic}，有效黏度 $\overline{\mu}$，围压 σ_c。其中 $\overline{E} = \dfrac{E}{4(1-\nu^2)}$，$E$、$\nu$ 分别为弹性模量和泊松比；$\overline{\mu} = 12\mu$，μ 为流体的黏度。

以圆饼形裂缝 (penny-shaped crack) 扩展模型为基础，建立物理模拟与现场压裂的相似性准则，对裂缝扩展过程中涉及的控制方程进行无量纲化，得到以下无量纲因数：

$$N_t = \frac{ti}{r_w^3}, \quad N_{K_{Ic}} = \frac{K_{Ic}^2}{\overline{E}^2 r_w}, \quad N_{\overline{E}} = \frac{\overline{E} r_w}{i\overline{\mu}}, \quad N_{\sigma_c} = \frac{\sigma_c}{\overline{E}} \tag{5-1}$$

式中，N_t 为无因次时间；$N_{K_{Ic}}$ 为无因次断裂韧性；$N_{\overline{E}}$ 为无因次裂缝张开模量；N_{σ_c} 为无因次围压。

上述无量纲因数包括了七个关键压裂参数，实现了现场施工参数和室内试验参数的对应，是确定试验中各参数取值的依据。室内采用低排量和高黏度压裂液组合，可以实现现场压裂中观测到的裂缝准静态扩展。

通过调研现场施工参数，结合以上推导得出的四个无量纲因数，计算得到室内模型试验参数如表 5-1 所示。

表 5-1 选定的试验参数

参数	现场	室内模型试验
时间 t/min	90~120	10
井筒半径 r_w/mm	57.50	12.5
排量 i/(mL/min)	12000000	30
弹性模量 E/GPa	25	10
断裂韧性 K_{Ic}/(MPa·m$^{1/2}$)	1	0.16
黏度 μ/(mPa·s)	3	100
围压 σ_c/MPa	50	5

3. 泵注过程

(1)对试样施加模拟地层条件的三向应力,达到预定值后维持稳定。

(2)按设定排量向试样内注入压裂液,同时开启声发射采集软件,同步采集泵压数据和声发射数据。

(3)通过实时记录的泵压曲线,至曲线大幅跌落(表示试样破裂)后,维持一段时间,最终停止注入,同时停止泵压和声发射数据的采集。

4. 剖切观察与分析

(1)将试样从三轴室取出后,排空井筒内残余的压裂液。

(2)观察试样表面的裂缝分布情况并进行拍照。

(3)根据试样表面的裂缝分布及层理面发育情况,将试样剖开,观察射孔簇附近水力裂缝的起裂和扩展情况,以及水力裂缝和层理面的相互作用情况,并进行拍照。

5. 数据处理

通过对泵压数据和声发射数据进行处理,得到泵压曲线和声发射定位结果,通过试样剖切照片对裂缝起裂扩展进行直观描述。

5.1.3 典型试样分析结果

以典型岩样 A 为例,试验基础参数设置如表 5-2 所示,泵注压力和累计注入量与时间的关系曲线如图 5-4 所示。泵入压裂液 45s 时,压力达到 20.1MPa;泵入压裂液 54s 时,压力降落到 19.7MPa,之后缓慢稳定上升,达到约 33.0MPa。

表 5-2 A 试样试验基本参数

模拟井型	完井方式	三向地应力/MPa			差异系数 $(\sigma_H-\sigma_h)/\sigma_h$	排量/(mL/s)
		σ_v	σ_H	σ_h		
水平井	割缝	20	19.51	16.98	0.15	1.0, 1.5

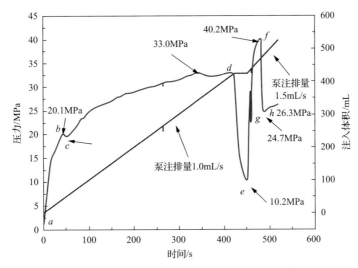

图 5-4　泵压-时间曲线和累计注水量-时间曲线

a 为注入开始点；*b* 为破裂压力点；*c* 为地层破裂后的回落点；*d* 为裂缝延伸到岩样边界前的最高压力点；
e 为裂缝到达岩样边界后的压力最低点；*f* 为再次注入的压力最高点；*g* 为压力最低点；*h* 为停泵时间点

将泵压-时间曲线划分为七个阶段，进行详细分析(图 5-4)。

第一阶段，即曲线的 *a—b* 段。随着压裂液不断注入井筒，筒内压力迅速上升至峰值点 *b*，达到 20.1MPa。

第二阶段，即曲线的 *b—c* 段。随着井壁的起裂，筒内压力下降到 19.7MPa，压力差为 0.4MPa，降落幅度非常微小。表明起裂裂缝宽度较小，同时注入流量较大，新产生的裂缝体积迅速被压裂液充填，导致压力降落幅度较小。部分微小的水力裂缝已经与天然微张开层理面连通，但压裂液尚未到达试样的边界。

第三阶段，即曲线的 *c—d* 段。由于三向地应力的挤压作用，压裂液需要更大的压力才能沿着水力裂缝与天然微张开层理面形成的通道继续流动，筒内压力缓慢升高。在到达 *d* 点前趋于平稳，压力值约为 33.0MPa，压裂液已经通过微张开层理面到达试样表面，试样内部已经形成稳定的裂缝网络通道，未与天然微张开层理面连通的水力裂缝在这个阶段基本保持不变，没有继续扩展。

第四阶段，即曲线的 *d—e* 段。停止向井筒中注水，重新进行参数设置，将泵压排量增大为 1.5mL/s。在此过程中，筒内压力迅速跌落至 10.2MPa，先前形成的水力裂缝重新趋于闭合状态。

第五阶段，即曲线的 *e—f* 段。设定好参数后，以 1.5mL/s 的排量再次向井筒中注入压裂液，筒内压力急剧升高，在 *f* 点处达到峰值 40.2MPa。

第六阶段，即曲线的 *f—g* 段。压力突然跌落至 24.7MPa，在此过程中，先前已经趋向于闭合的水力裂缝重新张开，先前未充分扩展的水力裂缝在高压下继续扩展，直至试样表面，水力裂缝网络的范围进一步扩大。

第七阶段，即曲线的 *g—h* 段。井筒内压力稍有增长，稳定在 26.3MPa，压裂液在新的裂缝网络系统下达到流动平衡。结束试验。

图 5-5 为裂缝网络横切面示意图，红点表示压裂液流出位置。裂缝面 *a*、*b*、*d* 与沉

积层埋曲面平行，裂缝面 c、e 与最大水平主应力垂直。井壁起裂处可见与最小水平主应力垂直的裂缝。水力裂缝自井壁处垂直于层理面起裂，遇弱胶结层理面时将其压开，最终形成纵横交错的裂缝网络，实现了体积压裂。

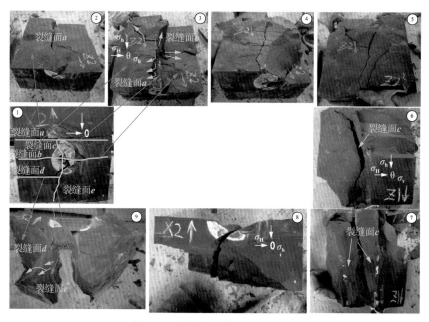

图 5-5 裂缝网络横切面示意图

红点表示压裂液流出位置；裂缝面 a、b、d 与沉积层理面平行，裂缝面 c、e 与最大水平主应力垂直；井壁起裂处可见与最小水平主应力垂直的裂缝；水力裂缝自井壁处垂直于层理面起裂，遇弱胶结层理面时将其压开，最终形成纵横交错的裂缝网络，实现了体积压裂

图 5-6 为 Disp 声发射定位效果图，显示了主裂缝沟通层理/支裂缝的演化过程。

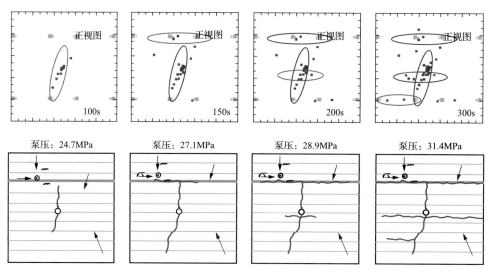

图 5-6 Disp 声发射定位效果图

通过大量的页岩露头试样及人工制备试样的水力压裂试验可知，真三轴压缩条件下

水力压裂裂缝以沿天然层理面开裂为主，水力压裂可产生与层理面垂直的裂缝，与天然层理面开裂后形成的裂缝交会，形成网络裂缝。当水力压裂未形成沿天然层理面开裂的贯通裂缝时，易形成与天然层理面相交的网状压裂缝。

5.1.4 页岩水力压裂裂缝形态多因素分析

1. 垂直井不同排量对比

在相同地应力差异系数，排量分别为 0.5mL/s、1.0mL/s、1.5mL/s 条件下页岩露头的试验结果如表 5-3 所示。在页岩露头完整性相对较好的条件下，较低排量时，主压裂缝在延伸扩展过程中更易沟通天然弱面，形成复杂的网络裂缝。

表 5-3 不同排量压裂后信息汇总

试样编号	井型	地应力差异系数	排量/(mL/s)	破裂压力/MPa	泵压曲线	裂缝形态描述
Y-3	垂直井	0.1	0.5	21.50	泵压随泵注时间快速增加，达到破裂点后，呈锯齿状降低	形成沿最大水平主应力方向水力压裂缝，并沟通天然层理面，天然层理面形成贯通裂缝为复杂网络裂缝
Y-5	垂直井	0.1	1.0	24.10	泵压随泵注时间快速增加，达到破裂点后，呈锯齿状降低	形成复杂网络裂缝，主压裂缝沟通多层天然层理面
Y-4	垂直井	0.1	0.5	19.20	泵压随泵注时间快速增加，达到破裂点后，呈锯齿状降低	形成复杂网络裂缝，主压裂缝沟通天然层理面，未完全贯通
Y-9	垂直井	0.1	1.5	13.80	泵压随泵注时间快速增加，达到破裂点后，泵压快速跌落	压裂缝沿层理面开裂，并贯通
Y-7	垂直井	0.1	1.5	16.20	泵压随时间快速增加，达到破裂点后，泵压小幅跌落后达泵压峰值点，后呈锯齿状降低	主压裂缝沟通层理面，形成交叉裂缝
Y-15	垂直井	0.1	1.0	14.80	泵压随泵注时间快速增加，达到破裂点后，泵压维持在较高水平	主压裂缝沟通层理面，形成交叉裂缝

2. 垂直井不同地应力差异系数对比

在相同排量，地应力差异系数分别为 0.10、0.15、0.25 条件下页岩露头的试验结果如表 5-4 所示。在试验的三种地应力差异系数工况下，试样都能够形成相互交叉的网络裂缝，分析认为主要取决于岩体本身层理弱面的发育程度。

表 5-4 不同地应力差异系数压裂后信息汇总

试样编号	井型	地应力差异系数	排量/(mL/s)	破裂压力/MPa	泵压曲线	裂缝形态描述
Y-3	垂直井	0.10	0.5	21.50	泵压随泵注时间快速增加，达到破裂点后，呈锯齿状降低	形成沿最大水平主应力方向水力压裂缝，并沟通天然层理面，天然层理面形成贯通裂缝为复杂网络裂缝
Y-6	垂直井	0.25	0.5	19.10	泵压随泵注时间呈锯齿状增加，泵注时间较长	主压裂缝沟通多层天然层理面，形成复杂的网络裂缝
Y-14	垂直井	0.15	0.5	20.16	泵压随泵注时间快速增加，达到破裂点后，呈锯齿状降低	最大水平主应力方向水力压裂缝沟通多层弱层理面，形成相互交叉的复杂网络裂缝

3. 水平井不同排量对比

在相同地应力差异系数，排量分别为 0.5mL/s、1.0mL/s、1.5mL/s 条件下页岩露头的试验结果如表 5-5 所示。模拟页岩水平井压裂、露头页岩完整性相对较好的条件下，对比三种排量工况，较低排量时主压裂缝在延伸扩展过程中更易沟通天然弱面，形成复杂的网络裂缝。

表 5-5 不同排量压裂后信息汇总

试样编号	井型	地应力差异系数	排量/(mL/s)	破裂压力/MPa	泵压曲线	裂缝形态描述
Y-7-1	水平井	0.15	0.5	25.0	泵压随泵注时间快速增加，达到破裂点 25.0MPa 后，快速降低到峰值点一半水平	压裂后形成了相互交错的裂缝网络，既有垂直于层理面的新生水力裂缝，又有水力裂缝沿原始弱层理面的扩展，既有纵向裂缝，又有横向裂缝，实现了体积压裂
Y-7-3	水平井	0.15	1.0	20.10	随着压裂液不断注入井筒，筒内压力迅速上升至峰值，降落幅度非常微小，泵压持续缓慢增加	井壁起裂处可见与最小水平主应力垂直的裂缝，水力裂缝自垂直于层理面起裂，遇弱胶结层理面时将其压开，形成纵横交错的裂缝网络，实现了体积压裂
Y-7-4	水平井	0.15	1.5	19.78	随着压裂液不断注入，泵压快速增加，到峰值点后快速跌落	主压裂缝沟通弱层理面，形成交叉压裂缝

5.2 常压页岩气双簇裂缝起裂与扩展物理模拟方法

5.2.1 物理模拟试验系统

为开展双簇射孔压裂物理模拟研究，进行了压裂物理模拟水力压裂试验系统的改造，试样沿井轴方向的长度需要加大，改为 300mm×300mm×600mm。针对真三轴三向加载系统，主要对传力板进行了重新设计和加工。为了满足水力压裂过程中声发射监测的要求，对试验机加载板进行了改造，增加了声发射探头放置孔，如图 5-7 所示。

图 5-7 改造后的加载板

双簇射孔水力压裂物理模拟试验流程如下：

(1) 选取边长为 300mm 的正方形平面的中心位置，沿着与该平面垂直的方向钻孔，一直钻通贯穿，得到直径 25mm、长度 600mm 的模拟井眼。

(2) 利用自主发明的设备在井眼的预定位置制作若干个射孔簇。

(3) 将井眼的两端利用钢管和胶水进行封堵，得到用于压裂试验的试样。具体制备情况分别如图 5-8 和图 5-9 所示。

其余试验流程与 5.1.1 节相同。

图 5-8　成型的人工制备样

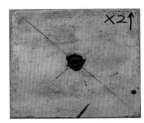

(a) 封孔钢管　　　　　　　　(b) 制作射孔簇的工具　　　　　　　(c) 制备好的试样

图 5-9　制备试样图

5.2.2　典型试样分析结果

进行了 25 组人工制备试样与天然页岩试样双簇射孔物理模拟试验，根据压裂后试样剖切及声发射结果，将双簇射孔后裂缝起裂与扩展规律分为三种类型：①52%的岩样裂缝只在一个射孔簇位置起裂与延伸，另一个射孔簇未起裂或起裂后未明显扩展，最终只形成单簇裂缝。由于簇射孔位置是裂缝起裂的薄弱点，一旦某一射孔簇页岩开始破裂并形成初始裂缝，泵注压力曲线会在短时间内迅速下降后趋于平稳，形成优势进液通道，从而对其他射孔簇的裂缝演化起抑制作用。②36%的岩样形成了双簇裂缝，但只有一簇裂缝扩展较为充分，另外一簇裂缝则延伸受限，两簇裂缝不均衡非对称扩展。③12%的岩样形成了均衡扩展的双簇裂缝。在裂缝延伸阶段，影响裂缝扩展的关键因素除了页岩本身的应力和脆性，还取决于影响裂缝内净压力的排量和液体黏度。

下面分别针对上述情况选取典型岩样进行说明。

1. 压裂后形成单缝

1) 典型试样分析

建立如图 5-10 所示的直角坐标系，与 X 轴垂直的两个面命名为 X_1、X_2，与 Y 轴垂直的两个面命名为 Y_1、Y_2，与 Z 轴垂直的两个面命名为 Z_1、Z_2。在四个侧面(Y_1，Y_2，Z_1，Z_2)可以观察到延伸至试样表面的水力裂缝，并可判断水力裂缝是与井筒垂直的横向裂缝。典型试样 Y-1-1 破裂压力为 23.9MPa，泵压曲线如图 5-11 所示。横向裂缝在扩展的过程中穿过了层理面，部分层理面开启，可观察到层理面有红色示踪剂。将试样沿层理面剖开后，对割缝位置进行观察，发现水力裂缝在割缝处起裂并延伸，裂缝扩展轨迹并非一条直线，而是蜿蜒曲折的。具体模拟结果分别如表 5-6 和图 5-12 所示。

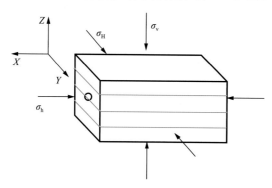

图 5-10　试样三向加载示意图

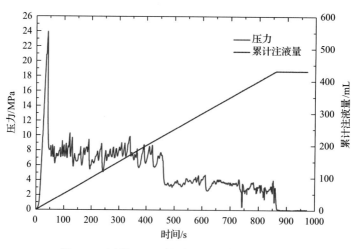

图 5-11　试样 Y-1-1 的泵压、累计注液量曲线

表 5-6　典型试样 Y-1-1 试验参数

温度/℃	排量/(mL/s)	黏度/(mPa·s)	三向应力/MPa			破裂压力/MPa
			σ_v	σ_H	σ_h	
25	0.5	90	5.80	6.30	4.90	23.9

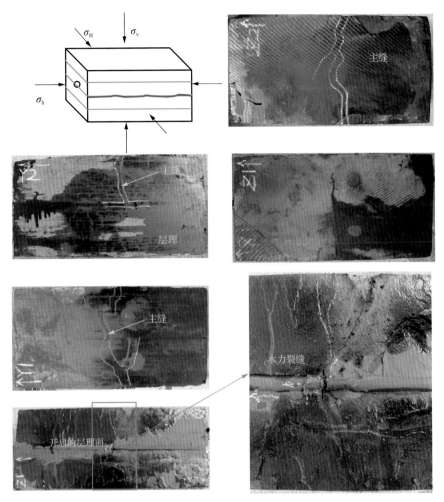

图 5-12 试样 Y-1-1 剖切分析

2)典型结果汇总

通过剖切发现，水力裂缝在一处割缝处起裂并扩展，水力裂缝的扩展路径存在弯曲拐折，压裂缝与层理面形成交叉缝，但在另一处割缝处未观察到宏观裂缝。具体模拟结果如图 5-7 所示。

表 5-7 不同典型试样压裂结果汇总表

试样编号	破裂压力/MPa	裂缝形态
Y-1-1	23.9	单缝
Y-1-2	13.4	单缝
Y-2-1	16.4	两簇起裂，一簇延伸
Y-2-2	11.5	两簇起裂，一簇延伸
S-2-1	17.1	两簇起裂，一簇延伸
Y-3-1	12.0	单缝
S-3-1	20.4	单缝

2. 压裂后形成双簇裂缝

1)典型试样分析

典型试样 Y-260-1 基本试验参数见表 5-8 所示，通过对泵压曲线(图 5-13)进行分析可知：随着泵注过程的进行，试样发生了两次破裂：第一次峰值压力为 19.9MPa，随后压力曲线快速下降，稳定在 8MPa 附近；第二次峰值压力为 23.1MPa，随后剧烈波动，裂缝形态可能比较复杂，压力曲线稳定在 8.4MPa 左右。试验后岩样剖切结果显示，两簇射孔段均形成垂直井筒的主裂缝，且有一簇可观察到压开了层理面，裂缝形态比较复杂。声发射结果在簇射孔周围检测到大量破裂事件，除了破裂事件密集分布的主裂缝外，由于簇间应力干扰降低了裂缝周围水平应力差异系数，两簇之间的微破裂事件数量明显大于裂缝外围的微破裂事件数量。具体试样试验结果如图 5-14～图 5-16 所示。

表 5-8　典型试样 Y-260-1 试验参数

温度/℃	排量/(mL/s)	黏度/(mPa·s)	三向应力/MPa			破裂压力/MPa	间距/mm
			σ_v	σ_H	σ_h		
25	2.0	90	5.80	6.30	4.90	19.9/23.1	80

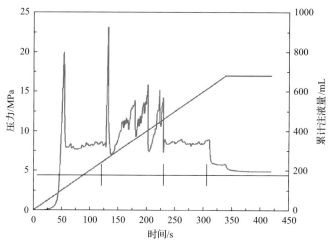

图 5-13　典型试样 Y-260-1 泵压及累计注液量曲线

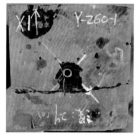

图 5-14　典型试样 Y-260-1 试验前的试样

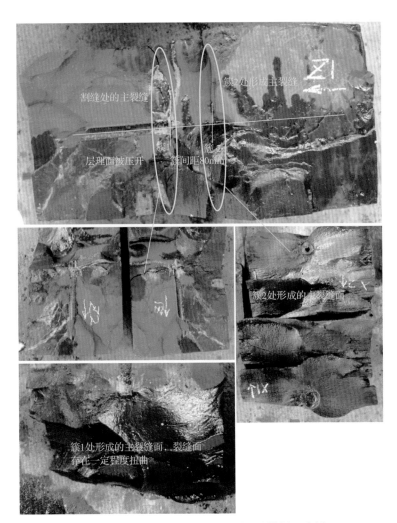

图 5-15　典型试样 Y-260-1 压裂后试样剖切分析

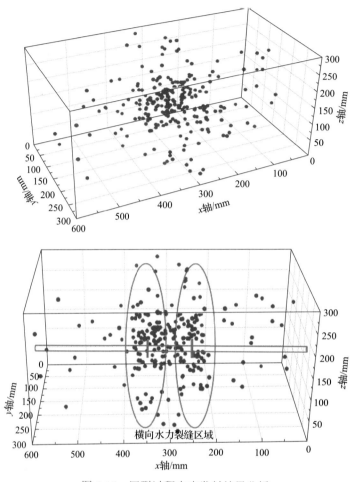

图 5-16　压裂过程中声发射结果分析

2) 典型结果汇总

由双簇裂缝起裂与扩展物理模拟试验可知 (表 5-9)，当同一压裂段存在两簇或多簇射孔段时，随着压裂液的泵入，其中一簇先起裂形成主压裂缝，在主裂缝延伸过程中，随

表 5-9　典型试样压裂结果汇总表

典型试样编号	破裂压力/MPa	裂缝形态
N-3-2	11.3	簇 1、簇 2 横向主裂缝
N-3-1	5.8	簇 1、簇 2 横向主裂缝
Y-220-1	15.1	簇 1、簇 2 横向主裂缝+纵向支裂缝
Y-260-1	19.9	簇 1、簇 2 横向主裂缝+纵向支裂缝
Y-220-2	17.0	簇 1、簇 2 横向主裂缝
Y-260-2	11.0	簇 1、簇 2 横向主裂缝+纵向支裂缝
Y-240-1	10.3	簇 1 纵向裂缝，簇 2 横向裂缝

着水力摩擦阻力的增加,压裂缝不再继续扩展。在此过程中,另一簇经受压裂液泵压的持续作用,射孔段逐渐达到起裂压力,开始起裂,形成主压裂缝。当主压裂缝延伸中遇到弱层理面时会发生转向,沟通弱层理面,并由弱层理面扩展与初始压裂缝相交,形成裂缝网络系统。

3) 簇间距优化

对比簇间距 120mm、160mm 和 200mm 条件下裂缝起裂与扩展情况,如图 5-17 所示。双簇间距 120mm 时,一簇裂缝起裂形成垂直井轴线方向的主压裂缝并扩展延伸,受到先起裂裂缝影响,另一簇局部起裂,延伸受阻。双簇间距 160mm 时,双簇同步起裂,形成两条近似垂直井轴线方向的主压裂缝,延伸过程中双簇裂缝相互干扰,使裂缝发生局部偏转,同时在双簇裂缝作用下,层理面被沟通,形成复杂裂缝形态。双簇间距 200mm 时,两簇裂缝先后起裂,并形成垂直井轴线方向的主压裂缝,在近井筒附近各自独立扩展,扩展过程中沟通弱层理面。

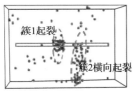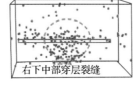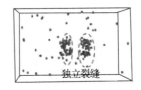

一簇裂缝起裂并扩展延伸,受到先起裂裂缝影响,另一簇局部起裂,延伸受阻	双簇同步起裂,延伸过程中双簇裂缝相互干扰,诱导形成复杂裂缝形态	两簇裂缝先后起裂,在近井筒附近各自独立扩展,扩展过程中沟通弱层理面
(a) 双簇间距120mm	(b) 双簇间距160mm	(c) 双簇间距200mm

图 5-17　不同簇间距裂缝扩展规律对比结果

双簇间距过小,每条裂缝缝长短,无法沟通距离井筒较远位置的天然裂缝或层理缝,双簇间距适中,簇起裂后两条裂缝能够相互干扰,同时发生偏转沟通天然裂缝或层理缝,利于形成复杂裂缝。

5.3　页岩压裂水力裂缝起裂机理研究

5.3.1　水力裂缝在井眼围岩本体起裂模型

地层破裂压力的大小与地应力大小密切相关,地层破裂是由于井眼周围岩石的环向应力超过岩石的抗拉强度或层理面的黏聚力而造成[3-6],即

$$\sigma_\theta \geqslant \sigma_{tn} \tag{5-2}$$

式中，σ_θ 为井眼周围岩石的环向应力；σ_{tn} 为沿层理方向的抗拉强度。

地层破裂发生在 σ_θ 最小处，即 $\theta = 0°$ 或 $\theta = 180°$ 处，此时

$$\sigma_\theta = -p + 3\sigma_v - \sigma_H + \left[\frac{\alpha(1-2\mu)}{(1-\mu)} - \varphi \right](p - p_p) \tag{5-3}$$

式中，p 为破裂压力；p_p 为孔隙压力。

当有压裂液滤失时，地层的临界破裂压力为

$$p = \frac{3\sigma_v - \sigma_H - \left[\dfrac{\alpha(1-2\mu)}{1-\mu} - \varphi \right]p_p + \sigma_{tn}}{1 - \left[\dfrac{\alpha(1-2\mu)}{1-\mu} - \varphi \right]} \tag{5-4}$$

当无压裂液滤失时，临界破裂压力为

$$p = 3\sigma_v - \sigma_H + \sigma_{tn} \tag{5-5}$$

5.3.2　水力裂缝沿天然裂缝破裂模型

1. 天然裂缝的张开起裂

当井眼处有发育的天然裂缝时，水力压裂沿天然裂缝的张性破裂可认为天然裂缝在压裂液的作用下继续延伸。天然裂缝的继续延伸，受岩石的断裂韧性、裂缝的长度、地层的原始应力和天然裂缝的方位等决定：

$$p - (\sigma_N - \alpha p_p) \geqslant \frac{K_{Ic}}{\sqrt{\pi a}} \tag{5-6}$$

式中，α 为 Biot 系数；$\sigma_N = \sigma_r \cos^2 \beta_1 + \sigma_\theta \cos^2 \beta_2 + \sigma_z \cos^2 \beta_3$，其中 σ_N 为天然裂缝面上的法向压应力，β_1、β_2、β_3 分别为天然裂缝的法线方向与井眼周围各主应力的夹角，σ_r 为最大水平主应力，σ_z 为上覆应力；a 为裂缝的半长。

则水力裂缝沿天然裂缝张破裂的临界压力为

$$p = (\sigma_r \cos^2 \beta_1 + \sigma_\theta \cos^2 \beta_2 + \sigma_z \cos^2 \beta_3 - \alpha p_p) + \frac{K_{Ic}}{\sqrt{\pi a}} \tag{5-7}$$

2. 沿天然裂缝的剪切起裂

当井眼周围的天然裂缝存在主发育带，且其走向和倾向基本保持一致时，在一定的

地应力条件下，水力裂缝可以沿天然裂缝剪切破坏。

设裂缝面与最大水平地应力 σ_r 的夹角为 β，裂缝面上的正应力 σ 和剪应力 τ 为

$$\sigma = \frac{1}{2}(\sigma_r + \sigma_\theta) + \frac{1}{2}(\sigma_r - \sigma_\theta)\cos 2\beta$$

$$\tau = \frac{1}{2}(\sigma_r - \sigma_\theta)\sin 2\beta \tag{5-8}$$

根据 Mohr-Coulomb 准则

$$\tau = c_w + \sigma \tan \phi_w \tag{5-9}$$

式中，c_w 为天然裂缝面的黏聚力，对无充填的天然裂缝面，$c_w = 0$；ϕ_w 为内摩擦角。

天然裂缝面发生剪切起裂的判断准则为

$$\sigma_r - \sigma_\theta = \frac{2\sigma_\theta \tan \phi_w}{(1 - \tan \phi_w \cot \beta)\sin 2\beta} \tag{5-10}$$

对于水平井，水力裂缝沿天然裂缝剪切破坏发生在井眼的地应力状态为 $\sigma_r > \sigma_z > \sigma_\theta$，破裂压力为

$$p = \frac{(1 + k_2)m + (k_1 k_2 - k_1 - \varphi k_2)p_p}{1 - k_1 + (2 - \varphi)k_2 - k_1 k_2} \tag{5-11}$$

式中，φ 为无因次孔隙度；$k_1 = \frac{\alpha(1 - 2\mu)}{2(1 - \mu)} - \varphi$；$k_2 = \frac{2\tan \phi_w}{(1 - \tan \phi_w \cot \beta)\sin 2\beta}$；$m = (\sigma_H + \sigma_v) - 2(\sigma_H - \sigma_v)\cos 2\theta$。

当无压裂液滤失时

$$p = \frac{(1 + k_2)m}{1 + 2k_2} \tag{5-12}$$

3. 天然裂缝对水力裂缝扩展的影响

在水力压裂中，水力裂缝在向前延伸时，其尖端不免会遇到天然裂缝，天然裂缝方向与水力裂缝方向的不同，使水力裂缝沿不同的方向扩展，水力裂缝的延伸有以下几种可能。

如图 5-18 假设水力裂缝在沿着最大水平主应力方向扩展时，遇到了一条闭合的天然裂缝，逼近角为 θ，水平主应力分别为 σ_1 和 σ_3。

水力裂缝扩展的条件为

$$p = \sigma_3 - \alpha p_p + \frac{K_{Ic}}{\sqrt{\pi a_1}} \tag{5-13}$$

式中，a_1 为水力裂缝到达天然裂缝时的半长。

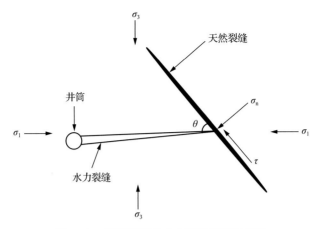

图 5-18　天然裂缝对水力裂缝影响示意图

天然裂缝扩展的条件为

$$p = \sigma_n - \alpha p_p + \frac{K_{Ic}}{\sqrt{\pi a_2}} \tag{5-14}$$

式中，a_2 为天然裂缝的半长。

（1）压裂液进入天然裂缝，天然裂缝发生膨胀，水力裂缝在相交点直接穿过天然裂缝，或天然裂缝发生膨胀，但在天然裂缝壁面上的某个弱面突破，继续沿着最大主应力方向或近似最大主应力方向扩展。扩展示意图如图 5-19 所示。

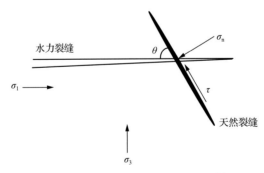

图 5-19　水力裂缝直接穿过天然裂缝

人工裂缝突破天然裂缝的阻滞，继续沿原方向延伸的临界条件为

$$p_I = \sigma_3 - \alpha p_p + \frac{K_{Ic}}{\sqrt{\pi a_1}} \leqslant \sigma_n - \alpha p_p + \frac{K_{Ic}}{\sqrt{\pi a_2}} \tag{5-15}$$

即

$$p_I = \sigma_3 - \alpha p_p + \frac{K_{Ic}}{\sqrt{\pi a_1}} \tag{5-16}$$

且

$$(\sigma_1 - \sigma_3)\sin^2\theta \geqslant K_{\text{Ic}}\frac{\sqrt{a_1} - \sqrt{a_2}}{\sqrt{\pi a_1 a_2}} \qquad (5\text{-}17)$$

由式(5-16)和式(5-17)可知，当水力裂缝与天然裂缝相交后，决定天然裂缝延伸方向的因素主要包括水平主应力差、逼近角、水力裂缝和天然裂缝的长度。

(2)压裂液进入天然裂缝，天然裂缝发生膨胀，水力裂缝沿着天然裂缝方向，从天然裂缝端部(单向或双向)延伸，然后转向，继续沿着最大水平主应力方向或近似最大水平主应力方向延伸。示意图如图 5-20 所示。

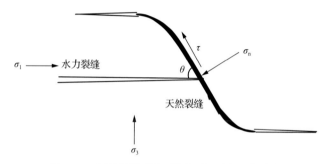

图 5-20　天然裂缝端部(单向或双向)延伸转向

水力裂缝沿天然裂缝扩展的临界条件为

$$p_{\text{II}} = \sigma_{\text{n}} - \alpha p_{\text{p}} + \frac{K_{\text{Ic}}}{\sqrt{\pi a_2}} \leqslant \sigma_3 - \alpha p_{\text{p}} + \frac{K_{\text{Ic}}}{\sqrt{\pi a_1}} \qquad (5\text{-}18)$$

即

$$p_{\text{II}} = \sigma_{\text{n}} - \alpha p_{\text{p}} + \frac{K_{\text{Ic}}}{\sqrt{\pi a_2}} \qquad (5\text{-}19)$$

且

$$(\sigma_1 - \sigma_3)\sin^2\theta \leqslant K_{\text{Ic}}\frac{\sqrt{a_1} - \sqrt{a_2}}{\sqrt{\pi a_1 a_2}} \qquad (5\text{-}20)$$

(3)压裂液进入天然裂缝，天然裂缝发生膨胀，但裂缝内液体压力不足以使水力裂缝继续向前或沿天然裂缝端部延伸，即水力压裂终止于天然裂缝，此时天然裂缝较长或液体在流动过程中衰减较大。示意图如图 5-21 所示，此时压力的临界条件为

$$\sigma_{\text{n}} - \alpha p_{\text{p}} \leqslant p_{\text{III}} < \min\left\{\sigma_3 - \alpha p_{\text{p}} + \frac{K_{\text{Ic}}}{\sqrt{\pi a_1}}, \sigma_{\text{n}} - \alpha p_{\text{p}} + \frac{K_{\text{Ic}}}{\sqrt{\pi a_2}}\right\} \qquad (5\text{-}21)$$

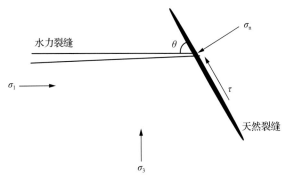

图 5-21 水力压裂终止于天然裂缝

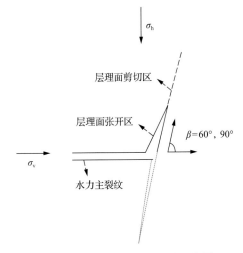

图 5-22 主裂缝接近层理面示意图

5.3.3 影响裂缝延伸的关键因素

页岩层理弱胶结作用使其断裂切性较小，阻止裂缝扩展的能力较弱，垂直层理方向，断裂韧性较大，阻止裂缝扩展的能力较强。当水力裂缝垂直层理扩展时，在层理弱面处会发生分叉、转向，并在继续延伸过程中沟通天然裂缝或层理弱面形成复杂裂缝网络。水力裂缝接触层理面时，产生的层理面剪切区，对提高裂缝复杂度、改造体积与改造强度意义重大。当主裂缝与层理交角 65°左右、层理面黏聚力 4MPa 以内，且缝内净压力较高时，可获得较大的层理面剪切区。示意图如图 5-22 所示，具体模拟结果如图 5-23～图 5-25 所示。

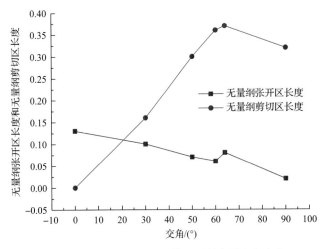

图 5-23 无量纲张开区及剪切区长度随交角变化

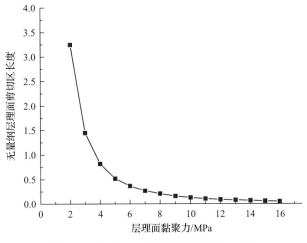

图 5-24 剪切区长度随层理面黏聚力变化

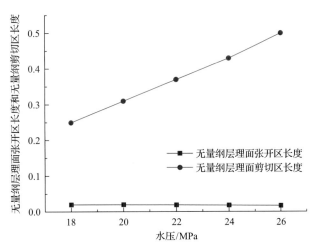

图 5-25 层理面张开区及剪切区随水压变化

5.3.4 破裂压力影响因素研究

常规岩性储层的破裂机理主要是渗吸涨破。显然，渗透率越高，在一定时间内渗吸的压裂液越多，则破裂压力越低；反之则越高。

破裂压力的主要影响因素有地层参数、射孔参数及注入参数。地层参数主要包括原始地应力、岩石力学参数及天然裂缝发育情况等。显然，地应力越高，杨氏模量越大，泊松比越大，天然裂缝越不发育，地层的破裂压力就越高，反之越小。射孔参数主要包括孔密、相位角、孔径及射孔深度等。孔密越小，相位角越大，孔径越小，射孔深度越小，破裂压力越小，反之则越大。注入参数包括排量及黏度等，排量越大，黏度越大，破裂压力越大，反之则越小。

就页岩压裂而言，由于基质的渗透性极差，加上页岩的黏土含量相对较高，页岩的破裂机理应主要是屈服形变，地层的破裂压力一般会相对较高。尤其是天然弱面的存在，对破裂压力影响很大[7]。

由图 5-26 可见，当水力裂缝与天然弱面的角度为 45°时破裂压力最小，0°和 90°时破裂压力最大。而水平层理缝等与水力裂缝一般呈 90°，高角度天然裂缝则一般为 60°～90°，因此，水力裂缝遇到高角度天然裂缝易于沟通延伸，而遇到层理缝则难以破裂延伸，这也是水平层理缝发育的常压页岩气压裂之所以缝高大为受限的主要原因。

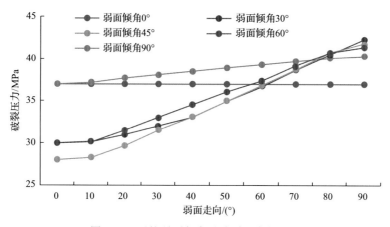

图 5-26　天然弱面角度对破裂压力的影响

对脆性指数相对较高的页岩地层而言，会出现多点破裂的现象，如图 5-27 所示。

地层脆性指数越大，多点破裂现象越明显。在这种情况下，对应最高设计排量的破裂压力是最终主裂缝的破裂压力。其他相对低排量下的破裂压力，应是主裂缝侧翼方向小微尺度裂缝的破裂压力。这些小微尺度裂缝虽然可能破裂了，但绝大部分因延伸阻力大，且主裂缝延伸的尺寸小，诱导应力还非常有限，因此应力反转区基本没有形成，导致主裂缝侧翼方向的小微尺度裂缝的延伸范围可能非常有限。

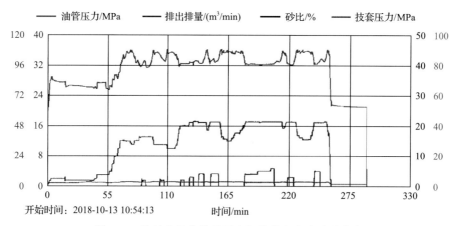

图 5-27　脆性指数高的某页岩气井某段多点破裂曲线

5.4　常压页岩气裂缝起裂与扩展数值模拟方法

段内多簇裂缝起裂的非均匀性必然导致裂缝延伸的非均匀性。即使多簇裂缝均衡破裂，也难以确保后续压裂施工阶段能均匀延伸，主要原因在于：①水平井筒中普遍存在的压力梯度，尤其当注入高黏度胶液时，上述压力梯度更大；②支撑剂与压裂液的流动跟随性差。由于二者密度差异太大，早期注入的支撑剂会大部分在靠近 B 靶点射孔簇裂缝处运移和堆积，引起早期的砂堵效应，后续注入的压裂液及支撑剂只能进入靠近 A 靶点射孔簇裂缝中。显然，上述支撑剂堵塞的射孔簇越多，则段内多簇裂缝延伸的非均匀程度越大。

要解决段内多簇裂缝的非均匀延伸问题，可采取超低密度支撑剂注入的方式，大幅度降低其与压裂液的密度差，在理想情况下等密度更好。

5.4.1　多簇射孔裂缝起裂存在的问题

考虑到常压页岩气降本的迫切需要，段内多簇射孔策略经常被矿场采用。但多簇射孔却不一定能保证每簇裂缝都能同步起裂。原因在于，水平井筒存在一定的压力梯度，导致每簇射孔处的水平井筒内压力不同。注入排量越高，压裂液的黏度越大，则上述压力梯度越大；其次，页岩的强非均质性，每簇射孔处的脆性及地应力都可能有一定的差异性，而且一旦某簇射孔处或一簇以上的射孔簇裂缝优先破裂及延伸后，因延伸压力一般较破裂压力有较大幅度的降低（脆性指数越大，降低幅度越大），因此，大量的压裂液会源源不断地进入上述已破裂和延伸的裂缝中，则其他射孔簇裂缝很难再有起裂和延伸的机会。

事实上，段内多簇裂缝的非均衡延伸状况普遍存在，图 5-28 是国外 400 口井监测资料（储层相对均质），支撑剂分簇占比差异性极大，反推压裂液非均匀分布也是如此。

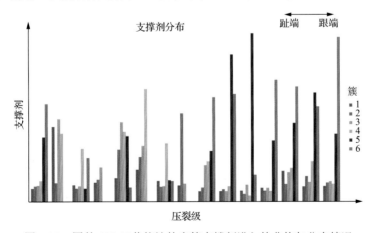

图 5-28　国外 400 口井统计的多簇支撑剂进入的非均匀分布情况

此外，现场微地震监测的各段裂缝长度也差异极大，如图 5-29 所示，由此可推断段内各簇裂缝延伸程度同样参差不齐。

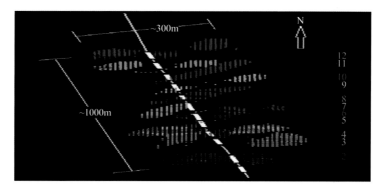

图 5-29 某常压页岩气水平井微地震监测各段裂缝非均匀延伸情况

同样，室内复杂裂缝支撑剂运移规律也表明，不同分支裂缝内支撑剂的分布量差异也极大。图 5-30 是复杂裂缝内支撑剂运移的物理模拟装置示意图，图 5-31 是不同分支裂缝支撑剂分布的结果。

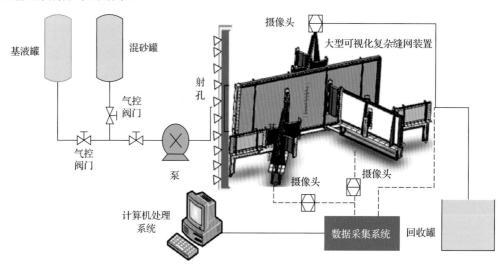

图 5-30 复杂裂缝内支撑剂运移实验装置示意图

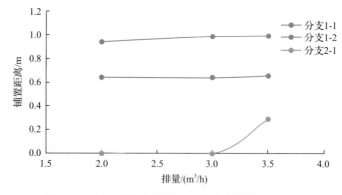

图 5-31 复杂裂缝内不同分支裂缝支撑剂分布结果

　　主裂缝相当于水平井筒，一级分支裂缝相当于不同段的主裂缝。分支 1-1 和分支 1-2 两个一级分支裂缝进入的支撑剂量相差 40%左右。

　　再者，通过模拟支撑剂在水平井筒不同射孔簇处的运移规律，结果分别如图 5-32～图 5-34 所示。

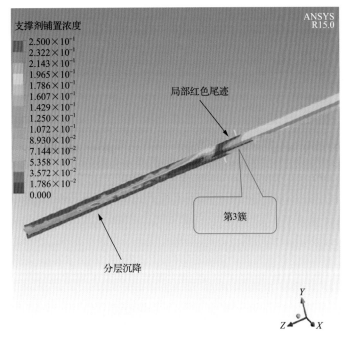

图 5-32　水平井筒内 3 簇射孔时支撑剂铺置浓度分布图

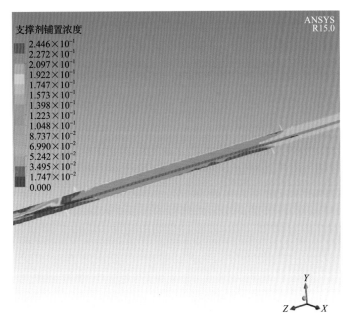

图 5-33　水平井筒内 6 簇射孔时支撑剂铺置浓度分布图

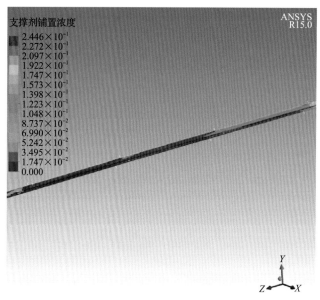

图 5-34　水平井筒内 9 簇射孔时支撑剂铺置浓度分布图

由上述模拟结果可见，当段内射孔簇数增加后，支撑剂向趾部射孔堆积的概率越大，由此导致后续绝大部分支撑剂只有进入靠近根部的射孔簇裂缝，进而引发多簇裂缝的非均匀延伸效应。

综上所述，即使不考虑页岩的非均质性，多簇裂缝的非均匀延伸也是共性问题，尤其是段内更多簇射孔时更是如此。因此，如何大幅度提高段内多簇射孔处裂缝起裂的均衡性，是目前业界一直在探讨的问题，如变参数射孔、限流射孔等方法。但受限于不能事先准确预判各簇射孔处的地层参数及变化，上述措施也存在一定的不确定性，但总体而言还是有一定的积极作用。如限流射孔使得段内总的射孔数减少，孔眼节流压差增大，且脆性好或应力高的射孔簇少射孔，最终确保所有过孔眼的起裂压力及后续的延伸压力基本相当，这样即可基本确保各簇裂缝接近均匀起裂和延伸。而单纯的限流如没有采取针对性措施，仍难以解决多簇裂缝的非均匀起裂与延伸问题。

参见文献[8]的研究成果，模拟的参数如表 5-10 所示，计算的各簇破裂压力结果，如图 5-35 所示。

由图 5-35 可见，总体而言，各段破裂压力呈整体增长态势，这可能是由于段间干扰逐渐叠加的累积效应。另外，在每个段内的三簇射孔的破裂压力，也是第一簇即靠近水平井 B 靶点的射孔簇最高，靠近 A 靶点最低，且最高与最低的破裂压力差值可达 20MPa 左右。这与上述分析的各簇裂缝非均匀延伸有关，且一般靠近水平井 A 靶点的裂缝因破裂压力最小，延伸得最为充分，相应的诱导应力也最大，可极大程度上抑制下段压裂靠近 B 靶点射孔簇裂缝的起裂及延伸。

表 5-10　水平井分段多簇压裂各簇破裂压力计算用参数

最小水平主应力/MPa	最大水平主应力/MPa	上覆应力/MPa	抗张强度/MPa	储层压力/MPa	孔隙度	无因次泊松比	Biot 系数
60.5	69.8	71	1.8	35.0	0.11	0.3	0.6

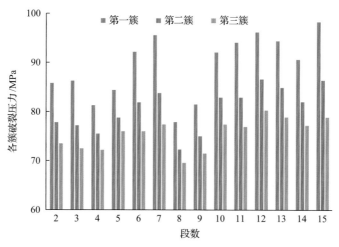

图 5-35　水平井分段多簇压裂各簇破裂压力结果直方图

5.4.2　段内多簇射孔非均匀裂缝延伸模拟

以往常规模拟方法都假设段内每簇裂缝等流量分配原则，即将注入排量按射孔簇数均分，这样模拟的裂缝长度及导流能力等参数，都基本相等或相当。而按不同的流量分配比例进行相应模拟后，结果会相差较大，如图 5-36 和图 5-37 所示。

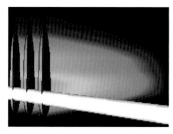
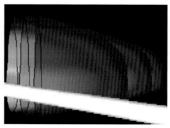

(a) 三簇流量分配1∶1∶1　　　　　(b) 三簇流量分配1∶2∶3　　　　　(c) 三簇流量分配1∶2∶5

图 5-36　示例的 3 簇射孔不同流量分配下的裂缝延伸长度对比

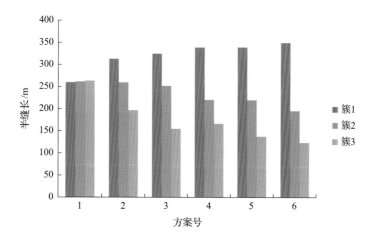

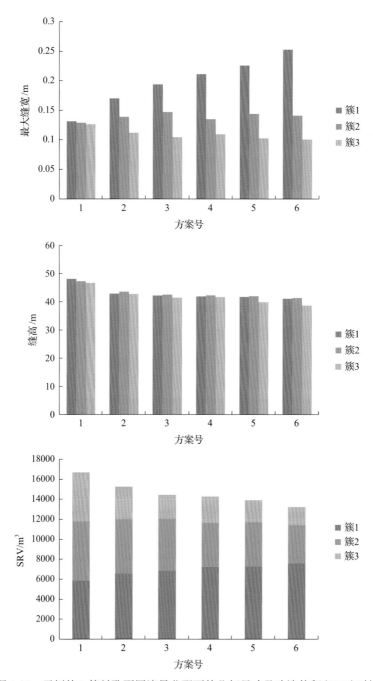

图 5-37 示例的 3 簇射孔不同流量分配下的几何尺寸及改造体积(SRV)对比

实际上，在各簇裂缝扩展过程中，相互间的排量是动态变化的，因此，要真实地模拟这种复杂过程，是极为困难的。

5.4.3 段内多簇射孔裂缝高度的模拟

国内的常压页岩气与国外相比，由于构造运动频繁、构造挤压效应大，导致垂向应力与最小水平主应力的差值相对较小，在裂缝扩展过程中，一旦缝内净压力达到上述应力差值，则水平层理缝会大范围张开，主裂缝的垂向缝高会因此大幅度降低，如图 5-38 中的第二种情况。

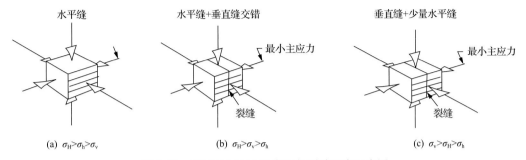

(a) $\sigma_H > \sigma_h > \sigma_v$　　　(b) $\sigma_H > \sigma_v > \sigma_h$　　　(c) $\sigma_v > \sigma_H > \sigma_h$

图 5-38　不同三向应力状态下的裂缝形态示意图

　　模拟假设：第一，②号层、③号层胶结面强度高于④号、⑤号层胶结面强度；第二，模拟三簇射孔，簇间距 20m；其余的模拟的参数如表 5-11 所示，模拟结果如图 5-39 所示。

表 5-11　示例的涪陵页岩气不同小层缝高延伸模拟的输入参数表

层位	垂深/m	最小主应力/MPa	最大主应力/MPa	垂向应力/MPa	杨氏模量/MPa	泊松比	抗拉强度水平/MPa
④号、⑤号层	2242～2256	54	56	68	34083	0.23	9.56
③号层	2256～2267	53	57	67	29462	0.21	8.51
②号层	2267～2268	52	57	64.8	19191	0.21	
①号层	2268～2272	52	57	68.5	19233	0.2	
⓪号层	>2272	63	57	79	45682	0.23	8.39

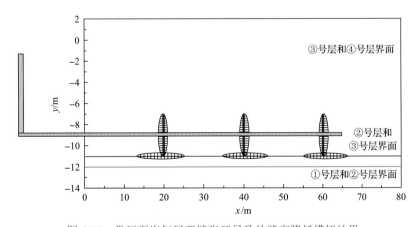

图 5-39　常压页岩气层理缝张开导致的缝高降低模拟结果

　　而当段内簇数大幅度增加后，单簇排量会相应大幅度降低，因此，缝高会进一步降低。不同单簇排量下的缝高模拟结果，如图 5-40 所示。

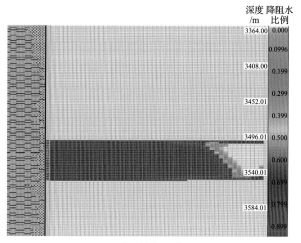

(a) 60孔，每孔0.3m³/min

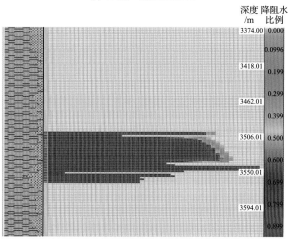

(b) 60孔，每孔0.6m³/min

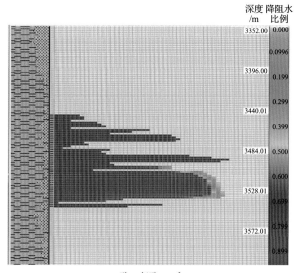

(c) 60孔，每孔1.2m³/min

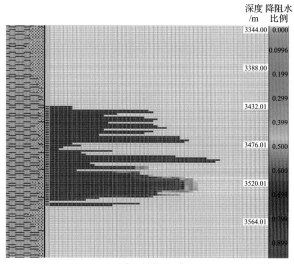

(d) 60孔，每孔1.8m³/min

图 5-40 不同单簇排量下的垂向缝高变化

具体模拟结果如表 5-12 表示。

表 5-12 不同分簇排量下的缝高延伸情况对比

单孔排量/(m³/min)	缝长/m	缝高/m	缝高增幅/%
0.3	344	50	—
0.6	312	62	24
1.2	288	86	72
1.8	240	102	104

此外，为了克服常压页岩气压裂缝高受限的不利影响，模拟了不同黏度胶液在压裂施工中前置、中置及后置注入时的缝高与 SRV 变化情况，结果分别如图 5-41～图 5-43 所示。

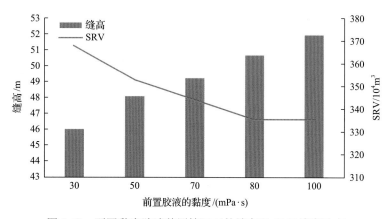

图 5-41 不同黏度胶液前置情况下的缝高及 SRV 演变动态

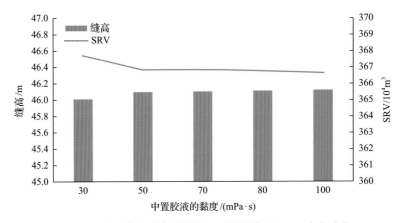

图 5-42 不同黏度胶液中置情况下的缝高及 SRV 演变动态

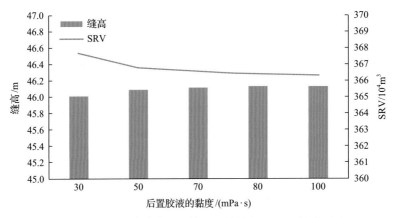

图 5-43 不同黏度胶液后置情况下的缝高及 SRV 演变动态

由上述模拟结果可见，胶液前置时对劈开多个水平层理缝、确保主裂缝高度上的大幅度延伸，具有十分重要的意义，而中置及后置注入时的缝高变化幅度不大。这是由于早期注入高黏度胶液，此时的主裂缝几何尺寸相对较小，高黏胶液可快速提升主裂缝的净压力(胶液的黏度越高，提升净压力的作用越明显)，而在中期及后期注入胶液时，高黏度胶液对主裂缝的净压力提升作用已逐渐不明显。

5.4.4 段内暂堵球压开多簇的模拟分析

为了增加常压页岩气段内多簇射孔裂缝的均匀延伸，现场往往采用暂堵球封堵射孔眼的方法，因此，有必要对暂堵球在水平井筒各射孔簇处的运动规律进行详细模拟分析。

采用比射孔眼直径大 5～8mm 的封堵球，在高黏度携带液及低排量注入模式下，可以促使段内多簇裂缝的接近均匀延伸。在 ANSYS 平台上选用 Fluent 模块，建立水平井筒多簇射孔物理模型，选用 DPM 模型，模拟有限个暂堵球在井筒内的封堵规律，基于分析，采用低排量、高黏携带液的方法，可以有效改进暂堵球在各簇位置的封堵效果，如图 5-44 和图 5-45 所示。

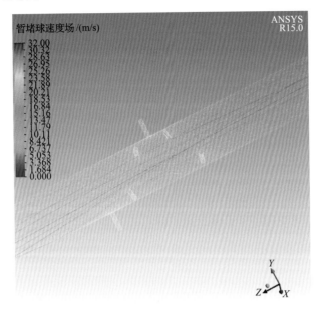

图 5-44 暂堵球在井筒中的运移轨迹模拟

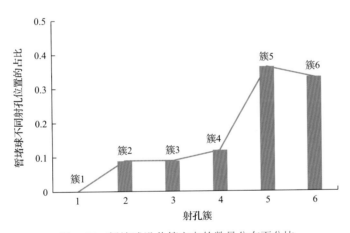

图 5-45 暂堵球沿井筒方向的数量分布百分比

但由于封堵球的密度一般比压裂液要大，因此，水平井筒中，中上部的射孔眼由于要克服重力的作用，封堵效率会有所降低，如图 5-46 所示。

排量变化对暂堵球的封堵效果影响如图 5-47 所示。由模拟结果可见，排量降低后，靠近趾部的射孔簇孔眼封堵效率有所降低，这对提高各簇孔眼封堵的均匀性有一定的促进作用。

暂堵球的密度对各簇射孔封堵效果的影响如图 5-48 所示。由模拟结果可见，暂堵球密度降低后，除了趾部的射孔簇外，其他射孔簇的封堵均匀性有一定程度的改善。

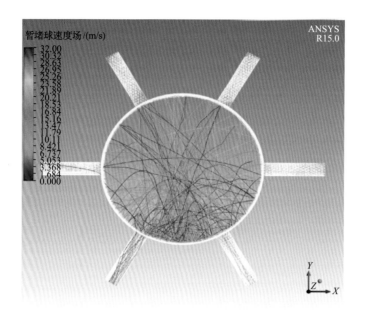

图 5-46   重力作用使暂堵球更容易封堵底部孔眼

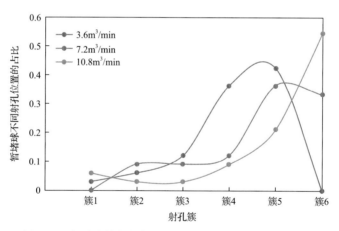

图 5-47   暂堵球的携带排量对不同簇孔眼封堵效果的影响

簇 1 代表跟部，簇 6 代表趾部

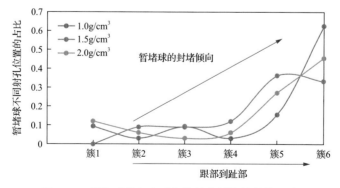

图 5-48   暂堵球的密度对各簇射孔封堵效果的影响

参 考 文 献

[1] Matsunaga I, Kobayashi H, Sasaki S, et al. Studying hydraulic fracturing mechanism by laboratory experiments with acoustic emission monitoring. International Journal of Rock Mechanics and Mining Sciences and Geomechanics, 1993, 30(7): 909-912.

[2] 王倩, 王鹏, 项德贵, 等. 页岩力学参数各向异性研究. 天然气工业, 2012, 32(12): 62-65.

[3] 王倩, 周英操, 王刚, 等. 泥页岩井壁稳定流固化耦合模型. 石油勘探与开发, 2012, 39(4): 475-480.

[4] 盛茂, 李根生, 黄中伟, 等. 页岩气藏流固耦合渗流模型及有限元求解. 岩石力学与工程学报, 2013, 32(9): 1894-1900.

[5] 张广明, 刘合, 张劲, 等. 储层流固耦合的数学模型和非线性有限元方程. 岩土力学, 2010, 31(5): 1657-1662.

[6] 肖钢, 唐颖. 页岩气及其勘探开发. 北京: 高等教育出版社, 2012.

[7] 易良平. 致密储层水平井段内多簇压裂裂缝起裂与扩展规律研究. 成都: 西南石油大学, 2017.

[8] 冯福平, 雷扬, 胡超洋, 等. 水平井分段多簇压裂各射孔簇破裂压力分析. 油气勘探与开发, 2017, 35(3): 85-91.

第6章　常压页岩气低伤害高效压裂液体系

页岩气藏岩石性质显著特征是低孔特低渗,页岩以小粒径物质为主,一般以泥质(粒径为 5~63μm)和黏土(粒径小于 5μm)为其主要组分,砂(粒径大于 63μm)所占的组分相对较少。页岩基质的孔隙度和渗透率极低,渗透率一般为 0.000001×10^{-3}~0.0001×10^{-3}μm^2,孔隙度一般为 3%~5%。除了少数天然裂缝十分发育的页岩储藏外,几乎所有的页岩气藏都需要经过压裂才有商业价值。与超压页岩气相比,常压页岩气需要更高的裂缝复杂性和改造体积,因此需要性能更优的低伤害高效压裂液体系。

6.1　低伤害高降阻率降阻水体系

6.1.1　低伤害高降阻率降阻水体系的适用性

降阻水压裂液能大幅度降低施工摩阻,降低施工压力,减轻压裂施工设备的高压负荷,有效增加施工净压力,有效携砂,大幅度改善压裂改造的施工效果,目前已成为页岩油气等储层压裂改造工艺中最重要、最常用的液体之一。降阻水压裂液体系具有添加剂使用浓度低、溶解速度快、配制简单、携砂能力强、返排效果好、耐温耐盐性能好等特点,能够满足不同页岩油气井压裂的需要。通常降阻水压裂液摩阻低、黏度低,容易进入不同部位的天然裂缝,有利于造网络裂缝;摩阻低能够实现高排量压裂施工,进一步提高了造网络裂缝效率。由于页岩基质非常致密,其渗透率通常处于纳达西级别,裂缝中的降阻水很少滤失到页岩基质孔隙中,降阻水滞留在形成的人工裂缝和开启的天然裂缝之中,阻止了裂缝的闭合,即使其中存在少量的支撑剂,仍具有较好的导流能力,为气体流动提供有效通道。

6.1.2　低伤害高降阻率降阻水体系添加剂

降阻水压裂液中 98.0%~99.5%是水,添加剂一般占降阻水总体积的 0.5%~2.0%,包括降阻剂、助排剂(表面活性剂)、黏土稳定剂及杀菌剂等。

1. 降阻剂

降阻剂是降阻水压裂液的核心添加剂,丙烯酰胺类聚合物、聚氧化乙烯(PEO)、胍胶及其衍生物、纤维素衍生物以及黏弹性表面活性剂等均可作为降阻剂使用。聚丙烯酰胺具有优异的降阻性能且成本较低,是作为现场使用最多的降阻剂,降阻机理比较复杂,它涉及流变学、流体动力学、高分子化学与物理等学科。到目前为止,还没有一个有说服力的理论对降阻现象作出合理的解释,许多学者和研究人员对这一现象的认识也不尽相同。从目前来看,降阻剂的降阻机理主要有黏弹说、湍流抑制说等。

1) 降阻机理

围绕降阻机理，多位学者都曾提出一些假说和模型，但没有一种理论可以圆满解释降阻剂湍流降阻流动中所有的实验现象，因此降阻机理还有待于深入研究。目前为止，从现有的文献报道总结可知，这些成果侧重于以下几个方面[1]。

(1) Toms 假塑性假说。

Toms[2]认为高分子聚合物降阻剂溶液具有伪塑性，即剪切速率与表观黏度呈反比，剪切速率增大，表观黏度减小，从而导致流动阻力减小。

随着非牛顿流体力学的发展，通过实验发现降阻剂溶液在管内湍流流动时的摩擦阻力实测值与应用假塑流体计算值误差很大，而且稀降阻剂溶液伪塑性很弱，甚至根本无假塑性。后来根据 Walsh[3]实验和大量实测的结果证明，胀塑性流体也有较强的降阻作用，高分子降阻剂溶液的表观黏度是增大的，否定了 Toms 假说。

(2) 有效滑移假说 (1985 年)。

Lumley[4]与 Virk[5]认为，流体在管内湍流流动时，紧靠壁面的一层流体为黏性底层，其次为弹性层，中心为湍流核心。通过实验测得速度分布，发现降阻剂溶液湍流核心区的速度与纯容积相比大了某个值，但速度规律分布相同，而且弹性层的速度梯度增大，导致阻力减小。根据 Virk[6]的假说，降阻剂浓度增大，弹性层厚度也增大，当弹性层扩大到管轴时，降阻就达到了极限。

有效滑移假说成功地解释了最大降阻现象，并且也可以解释管径效应。然而它无法解释以下现象：当降阻剂浓度超过最大降阻时的浓度时，阻力出现回升；降阻的同时伴随有减热、减质效应，而且减小的程度不同。

(3) 湍流脉动抑制假说 (1990 年)。

湍流脉动抑制假说又称表面随机更新假说、涡能量产生受抑制假说。Berman[6]认为在完全发展的湍流中，靠近管壁处有一极薄的底层。过去认为，流体在管内湍流流动分为三层：近壁区为黏性底层，其次是黏性亚层(过渡或弹性层)，第三个区域为湍流中心。

运用精密的测速装置已能准确测出黏性底层的时均速度分布和脉动速度分布，说明黏性底层并不是简单的层流状态，而仍有一定的脉动存在。这种假说把流体在管内湍流流动的动量传递边界层看成是有一块块动量传递块(在三种传递边界层相同时，三种传递块是相同的)所组成，这些流体块随机的被来自主体的流体单元所更新，分解成新的流体单元而产生漩涡。新的流体块又从壁面开始增长直到被更新。尽管这种更新过程是随机的，但每一流体块的年龄存在某一分布函数，且在统计上这种更新的机会是均等的。

湍流越激烈，流体块被更新的机会就越大，产生的漩涡也越多，耗能就越大。如果用 Q_m、S_m 分别代表动量传递块的年龄和被更新的机会，即可导出范宁摩阻因数 f 与 S_m 的关系：$f \propto S_m$，如果在纯溶剂中加入降阻剂分子，由于降阻剂分子在管壁上形成一层液膜及降阻剂分子的伸展变形作用，使得管壁上的流体块难以被更新。

(4) 湍流脉动解耦假说 (1967 年)。

Virk[7]提出湍流脉动解耦假说，认为降阻剂分子对湍流的作用降低了径向和轴向脉动速度的相关性，从而减小了湍流雷诺应力。当雷诺数很小时，流体黏性显得非常大，在固休后面出现了一系列大尺度涡，大尺度涡从均流汲取能量，但很快被黏性耗散掉。

当雷诺数增大时，大尺度涡汲取了均流更多的能量，由于涡管在均流作用下被拉长，大尺度涡被分解为较小尺度的涡，同时能量传递给较小尺度的涡，最后被黏性所耗散掉。雷诺数不断增大，上述过程就不断加剧。当雷诺数为巨大值时，流体中布满了从最大至最小尺度的各种涡。大尺度涡是各向异性的，但其雷诺数很大，相应地黏性显得很小，因此其携带的能量不被黏性所耗散，小尺度涡则显出各向同性，且其雷诺数很小，黏性显得相对过大，其携带的能量完全被黏性耗散掉。综上所述，在大雷诺数流动中，均流的压头首先转变为湍流中大尺度涡的动能，这种能将按级由大尺度涡传递下去，到达最小尺度的涡后，其能量为黏性所吸收而转化为热。这现象称之为能耗散，具有最小尺度的涡称耗散涡。S_m 减小，年龄 Q_m 增大，导致能耗减小而达到降阻作用。

(5)黏弹性假说(1986 年)。

de Gennes[8]运用标度理论，湍流的减少是由于高分子链不同尺度结构单元涨落造成的能量耗散。随着黏弹性流体力学的发展，研究者对特定的高聚物降阻剂稀溶液进行试验，发现聚合物分子的松弛时间比湍流微涡的持续时间长，说明高聚物分子的黏弹性对降阻的确起到了作用。黏弹性假说认为：高分子聚合物具有黏弹性，由于黏弹性与湍流漩涡发生作用，使得漩涡的一部分能量被降阻剂分子所吸收，以弹性能的方式储存起来，使涡流动能减小达到降阻效果。

中国石化石油工程技术研究院采用黏弹性假说分别研发了粉末降阻剂和乳液降阻剂，认为在普通流体中加入少量高聚物以后，普通流体就转变为黏弹性流体，其边界层内也出现黏弹性流体。聚合物的加入使得纵向紊动强度显著增大，而对竖向紊动强度的影响较小，纵向脉动流速的取值范围增大，而竖向脉动流速的幅值大体不变。所以，加入聚合物大分子后，分子线团在管道流体中伸展使得流体内部的紊动阻力下降，抑制了径向的湍流扰动，使更多作用力作用在沿着流动方向的轴向，同时吸收能量，干扰薄层间的水分子从缓冲区进入湍流核心，从而阻止或者减轻湍流，表现出降阻作用。

2)降阻剂的类型

经过 60 多年的研究，已发现有效的化学降阻剂很多。大致可以分为两大类：一类是某些分子量较低的表面活性剂降阻剂，有阳离子表面活性剂、两性离子表面活性剂、非离子表面活性剂降阻剂；另一类是具有超高相对分子质量(10^6 以上)的高柔性线型高分子化合物及缔合型高分子聚合物。此外有一些固体悬浮物也具有降阻剂的特性，如纸浆、尼龙纤维和泥沙等。早在 1954 年 Burdrant 就报道了聚合物添加剂使酸化压裂流过管道的湍流摩擦阻力得到大幅度降低的现象，有效地使用聚合物降阻，可使压裂作业在低泵压下进行经济有效的强化处理。高分子聚合物降阻剂(DRA)是由超高分子量的共聚物均匀分散于非溶剂型的无机液内而形成的一种流动阻力较小的流体。高分子聚合物降阻剂产品类型分为：高黏度胶状降阻剂、低黏度胶状降阻剂、水基乳胶状降阻剂和非水基乳胶状降阻剂。不论是何种聚合物，作为降阻剂，都要求有超高的分子量。降阻剂的分子量通常达 $2 \times 10^6 \sim 3 \times 10^6$，甚至 1×10^7 以上，分子量越大，主链越长，降阻效果愈佳。降阻剂的分子链增长，有利于降阻，但降低了抗剪切能力。

目前主要的水溶性聚合物用作压裂降阻剂的有天然聚合物和合成聚合物，其中天然聚合物包括胍胶及其衍生物和纤维素衍生物，纤维素衍生物又包括羧甲基纤维素加盐和羧乙基纤维素；而合成聚合物则包括聚丙烯酰胺、聚氧乙烯及其他人工合成聚合物，这里重点介绍合成聚合物降阻剂。

丙烯酰胺聚合物是油田使用最多的一类合成聚合物，聚合物的分子量通常在 $1\times10^6\sim2\times10^7$ 范围内，在给定聚合物浓度下，随着分子量增加，溶液黏度增加，它是直链聚合物，分阳离子、阴离子和非离子几种，在水中水解生成部分水解聚丙烯酰胺。丙烯酰胺聚合物和共聚物是优良的降阻剂。有些聚丙烯酰胺浓度低至 $0.14kg/m^3$ 时，能使湍流摩阻降少 80%，降阻性能优于胍胶和纤维素衍生物。

合成聚合物降阻剂大分子的黏弹性是决定降阻效果高低的决定性因素。决定大分子黏弹性高低的结构因素有三大要素，分别是共聚物的相对分子质量、共聚单体的结构与共聚物组成高低，由 Mark-Houwink 方程式可知，聚合物溶液的特性黏数在聚合物、溶剂和温度确定时，仅由试样的相对分子量决定，因而聚合物的特性黏数也可以用来表征相对分子量，反映降阻剂的降阻性能，为了提高降阻性能，研究高分子的聚合物降阻剂是关键。进入 2010 年以后，随着我国页岩气勘验开发工作的快速发展，根据页岩气的勘探开发情况，中国石化石油工程技术研究院成功研发了第一代的粉末状降阻剂(如 SRFR-1)，同时，在第一代粉末降阻剂的基础上，发展了第二代乳液降阻剂(如 SRFR-2)，在有效使用浓度大幅度降低的基础上，提高了降阻剂的降阻性能，减少了固体的使用量。

(1)粉末降阻剂基本合成方法及基本性能。

粉末降阻剂为柔性好、侧链少、相对分子质量高的聚合物，为了提高溶解性能，设计了酰胺基团和羧基基团，并通过单体优选、引发条件的选择、反应参数的优选，研究出降阻效果较好的聚合物降阻剂，分子量在 $1\times10^7\sim1.5\times10^7$ 范围内，外观为白色固体粉末，溶解时间小于 2min，降阻率大于 70%，具有摩阻低、溶胀速度快、性能稳定、伤害低等性能，具有类似清洁压裂液的特点，可以实现在线配制，适应性强，能够满足不同页岩油气井压裂的需要。

基本合成步骤如下：将单体加入聚合瓶中，依次加入计量的去离子水、各种助剂以及氢氧化钠的水溶液，将 pH 调至所需的大小，向体系内鼓氮气除氧，向聚合瓶中注入计量的氧化-还原复合引发剂体系，引发聚合反应，放置于低温水浴中进行第一段聚合，之后再高温聚合进行第二段聚合；聚合结束后，取出聚合物进行切块粉碎；将粉碎好的胶粒放入流化床干燥；干燥好的硬胶粒用粉碎机进行粉碎，过筛后得到产品。

粉末降阻剂基本性能如表 6-1 所示。

表 6-1 粉末状降阻剂的基本性能

名称	溶解时间/min	表观黏度/(mPa·s)	分子量/10^7	固含量/%	降阻率/%
0.1%降阻剂 1#	<2	10.5	1.102	83.65	71.2
0.1%降阻剂 2#	<2	13.3	1.170	87.31	70.2
0.1%降阻剂 3#	<2	11.5	1.078	88.05	69.3
0.1%降阻剂 4#	<2	12.0	1.215	90.56	70.8

(2)乳液降阻剂的基本合成方法及基本性能。

乳液降阻剂具有溶解速度快、便于现场混配等优点,同时反相乳液聚合相对分子质量高且分布窄,降阻效果好,残余单体少,聚合反应中黏度小,易散热也易控制。

乳液降阻剂合成方法为反相乳液聚合。反相乳液聚合是用非极性液体,如烃类溶剂等为连续相,聚合单体作为分散相,然后借助乳化剂分散于油相中,形成油包水(W/O)型乳液而进行的聚合。反相乳液聚合与常规的乳液聚合相比具有聚合速率高、聚合物聚合度与聚合速度同时增加等许多优点。同时得到乳液通过调节体系的 pH 或加入适当乳化剂的方法能使聚合物在水中速溶,比粉末型聚合物的应用方便得多。

具体操作过程如下:

①配制油相:在烧杯中加入油、乳化剂,搅拌均匀;然后注入装有搅拌器、温度计、回流冷凝管、恒压漏斗和通氮气装置的反应釜中,通入氮气除氧保护,升至一定温度匀速搅拌一定时间,使油相均匀稳定。

②配制水相:在烧杯中加入单体和引发剂,加入一定量的水,搅拌溶解均匀后加入其他助剂,然后加入恒压漏斗中。

③聚合反应:将烧瓶油相升温至反应温度,保持搅拌,停止通氮气;然后逐滴滴入单体和引发剂水溶液。保持同一温度聚合反应,冷却至室温,加入转相剂,即得降阻乳液产品。

乳液降阻剂是一种均匀乳白色或微黄色黏稠液体,相对分子质量为 $5 \times 10^{6} \sim 8 \times 10^{6}$,乳液表观黏度为 $400 \sim 1000 \text{mPa} \cdot \text{s}$,溶解速度小于 40s,与国际上产品质量相当。乳液降阻剂基本性能参数如表 6-2 所示。

表 6-2 乳液降阻剂基本性能

序号	项目	基本性能或参数值
1	外观	乳白色或微黄色液体
2	固含量/%	>30
3	平均相对分子质量	6×10^{6}
4	乳液表观黏度(63 号转子,30r/min)/(mPa·s)	$400 \sim 1000$
5	溶解速度/s	<40
6	(浓度 0.1%)降阻率/%	70

2. 助排剂

由于页岩储层具有低孔特低渗等特点,在现场压裂施工作业过程中,侵入储层的降阻水由于滞留效应或液相的聚集效应造成返排缓慢或返排困难,加重储层的伤害。需要降低降阻水压裂液的表面张力、改变储层的润湿性,有助于压后返排,从而降低对储层的伤害。助排剂的使用主要是为了防止降阻水压裂液在地层中滞留,产生液堵储层伤害。在压裂施工中,降阻水压裂液沿缝壁渗滤入地层,改变了地层中原始油水饱和度分布,使水的饱和度增加,并产生两相流动,流动阻力加大。毛细管力的作用致使压裂后返排困难和流体流动阻力增加。如果地层压力不能克服升高的毛细管力,水被束缚在地层中,则出现严重和持久的水锁。所以为了减少压裂液在地层的停留时间，就必须降低压裂流体的表面张力，必须使用助排剂。

目前国内外助排剂种类较多，表面张力一般低于 30mN/m，根据行业标准，降阻水表面张力低于 28mN/m，界面张力低于 3mN/m。首先将降阻剂样品配成 0.10%的降阻剂水溶液，分别加入不同的助排剂，进行助排剂的配伍性试验筛选，选择配伍性好的助排剂，进行表面张力和界面张力测试，结果如表 6-3 所示，根据表面张力和界面张力筛选助排剂。

表 6-3 助排剂的表面张力和界面张力

序号	名称	表面张力/(mN/m)	界面张力/(mN/m)
1	0.10%降阻剂+0.10%助排剂 1#	26.27	4.36
2	0.10%降阻剂+0.10%助排剂 2#	35.50	5.78
3	0.10%降阻剂+0.10%助排剂 3#	33.99	3.65
4	0.10%降阻剂+0.10%助排剂 4#	28.30	4.23
5	0.10%降阻剂+0.10%助排剂 5#	27.69	2.67
6	0.10%降阻剂+0.10%助排剂 6#	28.13	5.86
7	0.10%降阻剂+0.10%助排剂 7#	24.25	2.21

为了进一步降低成本，更好地适应常压页岩气储层改造压裂需求，针对常压页岩气的储层特点，研发了氟碳类助排剂，攻克了低使用浓度下实现低表面张力的技术难题，在 0.1%的使用浓度下，在水中的表面张力达到 22.7mN/m，在粉末降阻水体系中低于 26mN/m，界面张力小于 3mN/m（表 6-4），技术指标相当于国内外同类产品水平，而成本却大幅降低，与降阻水体系中其他添加剂配伍性良好。

表 6-4 助排剂在不同溶液中的表面张力和界面张力

基本配方	表面张力/(mN/m)	界面张力/(mN/m)
0.1%水溶液	22.7	1.05
0.1%粉末降阻剂+0.1%助排剂+0.3%防膨剂	24.7	1.47
0.03%粉末降阻剂+0.1%助排剂+0.3%防膨剂	23.4	1.25
0.1%乳液降阻剂+0.12%助排剂+0.3%防膨剂	26.3	2.21

3. 黏土稳定剂

使用降阻水压裂液施工时，溶液以小分子水溶性滤液进入孔隙，水溶性介质对储集层黏土矿物潜在膨胀、分散和运移，对堵塞油层有很大的影响。在地层中呈层状黏土微粒，当正电(铝)与负电(氧)间的电荷平衡因阳粒子置换或颗粒中断而遭到破坏时，产生带负电荷的粒子。液体中阳离子包围了黏土粒子并且形成带正电的电子云。这样颗粒相互排斥易于运移。如果不采取黏土稳定措施将导致储集层渗透率不可逆转的下降。

无机盐防膨剂主要使用 KCl，其使用量为 1.0%时，防膨率就可以达到 80%以上。这是因为 KCl 不仅提供了充分的阳离子浓度防止阳离子交换，压缩使黏土膨胀的扩散双电层，防止黏土膨胀、分散、运移，而且钾离子的直径(0.266nm)与黏土表面 6 个氧原子围成的内切直径 0.28nm 的空间相匹配，使它容易进入该空间而不易从此间释出，有效地减少黏土表面的负电性。

有机防膨剂主要是阳离子化合物，其作用原理是提供阳离子浓度防止阳离子交换，并且黏土粒子吸附后，在表面展开形成一层保护膜防止黏土粒子与外来液相接触。而 KCl 是一种非永久性防膨剂，当其浓度减少到一定程度，它的防膨作用就会消失。因此，我们采用有机防膨剂，以期达到更好的防膨效果。

1) 黏土稳定剂的配伍性试验

将降阻剂样品配成 0.10%的降阻剂水溶液，分别加入不同的黏土稳定剂，没有沉淀及絮状物生成就是配伍性较好。

2) 黏土稳定剂的防膨率

评价合适的黏土稳定剂首先需要评选与降阻剂配伍性好的黏土稳定剂，在此基础上选择防膨率高或性价比好的黏土稳定剂，考虑到页岩压裂液体用量大，在满足防膨性能要求的情况下，通过降低黏土稳定剂的使用浓度来减少黏土稳定剂的使用量，并尽可能使用液体黏土稳定剂，减少溶解时间，提高配液效率，满足在线配液需求。

(1) 清水中的防膨率。

将配伍性较好的黏土稳定剂分别配成不同浓度的水溶液，分别测试其防膨率，结果如表 6-5 所示。

表 6-5 清水+黏土稳定剂的防膨率

编号	名称	防膨率/%
1	清水+0.10%黏土稳定剂 1#	4.69
2	清水+0.20%黏土稳定剂 2#	15.63
3	清水+0.30%黏土稳定剂 3#	12.50
4	清水+0.10%黏土稳定剂 4#	37.50
5	清水+0.20%黏土稳定剂 5#	50.00
6	清水+0.30%黏土稳定剂 6#	56.25
7	清水+0.30%黏土稳定剂 7#	81.2

(2) 降阻剂溶液中的防膨率。

将筛选的效果较好的黏土稳定剂分别加到 0.1%和 0.03%降阻剂溶液中测试防膨率，结果如表 6-6 所示。

表 6-6 清水+降阻剂+黏土稳定剂的防膨率

序号	体系配方	防膨率/%
1	0.1%粉末降阻剂+0.3%黏土稳定剂	82.1
2	0.03%粉末降阻剂+0.3%黏土稳定剂	80.6
3	0.1%乳液降阻剂+0.3%黏土稳定剂	70.6

6.1.3 低伤害高降阻率降阻水体系性能

通过低伤害高降阻降阻水体系添加剂的性能研究,可以得到降阻水压裂液的基本配方如下:

乳液降阻水体系:0.1%～0.15%降阻剂+0.1%～0.3%黏土稳定剂+0.1%助排剂。

粉末降阻水体系:0.01%～0.1%降阻剂+0.1%～0.3%黏土稳定剂+0.1%助排剂。

由添加剂的优选得到的基本配方还不能直接应用,需要对该配方的综合性能进行进一步的评价,满足降阻水配方性能指标后才能进入现场使用,降阻水配方的基本性能达到十三项(表 6-7),其中最主要的性能有溶胀时间、表观黏度、表面张力(含界面张力)、防膨率、降阻率、伤害率等。

表 6-7 页岩气降阻水压裂液性能指标要求

序号	项目	指标要求
1	外观	透明或乳白色均匀液体
2	密度(25℃)/(g/cm^3)	0.96～1.08
3	pH	6.5～7.5
4	溶胀时间/s	≤120
5	表观黏度/(mPa·s)	≥1.5
6	耐温性/℃	≥130
7	表面张力/(mN/m)	≤28.0
8	界面张力/(mN/m)	≤3
9	防膨率/%	≥65
10	伤害率/%	≤25
11	降阻率/%	≥65
12	与地层水配伍性	地层温度下,与地层水混合后放置12h无沉淀物,无絮凝物,无悬浮物
13	放置稳定性	常温下放置10天不出现沉淀、絮凝、分层现象

1. 溶胀时间

为了确保降阻水的降阻效果,目前使用的降阻剂通常为高分子聚合物,而聚合物在水中具有一定的溶胀时间。为了满足降阻水在线配液的现场需求,要求使用的降阻剂的溶胀时间尽可能缩短。试验过程中,在带搅拌的容器中进行评价,先在 600r/min 的搅拌速度条件下,使配液水液面有漩涡现象,缓慢加入计量好的降阻剂,从加入降阻剂完毕开始计时到液面漩涡减少或消失,用毛细管黏度计或六速旋转黏度计测量黏度,记录黏度不再上升时间即为降阻剂的溶胀时间,页岩气降阻水压裂液溶胀时间如表 6-8 所示。

表 6-8 页岩气降阻水压裂液不同溶胀时间下的表观黏度

表观黏度	溶胀时间/s							
	30	60	90	120	150	180	240	300
0.1%乳液降阻剂下的表观黏度/(mPa·s)	1.5	2.3	2.6	2.6	2.6	2.6	2.6	2.6
0.1%粉末降阻剂下的表观黏度/(mPa·s)	10.0	11.5	12.2	12.5	12.6	12.7	12.7	12.7

2. 表观黏度

在降阻剂达到溶胀时间后，温度 25℃下，用品氏毛细管黏度计测定降阻水的表观黏度，其结果与降阻水溶胀时间中的表观黏度相同。

3. 降阻性能

降阻率是降阻水压裂液最主要的性能指标，采用酸蚀管路摩阻测量仪对降阻水的降阻性能进行测试：

(1) 管路摩阻测量仪或同类产品选择内径为 8~20mm、长 4~10m 的管道进行测试。

(2) 将清水装入管路摩阻测量仪或同类产品的基液罐中。

(3) 按配方要求的浓度配制降阻水溶液，保证降阻剂和其他添加剂溶解充分、均匀，倒入配液罐中。

(4) 选择测试管径，并按照流量大小，选择泵及流量表。

(5) 启动螺杆泵，待流量稳定后，记录差压传感器显示的各段压差值和流量表显示的流量值。

(6) 启动循环泵，将已配制好的待测液体注入配液罐中。

(7) 按照流量从低到高依次测不同流量下的压差值及实际流量值。

(8) 分别测定在内径为 8~20mm、平均流速为 1.0~10.0m/s（或 200~12000s^{-1} 剪切速率）条件下清水通过管路时的稳定压差，记录在每种流速下的平均压降。

(9) 分别测定在内径为 8~20mm、平均流速为 1.0~10.0m/s（或 200~12000s^{-1} 剪切速率）条件下降阻水流经管路时的稳定压差，记录在每种流速下的平均压降。

(10) 按式 (6-1) 计算降阻水在不同管径、温度及流速条件下的降阻率：

$$\eta = \frac{\Delta p_1 - \Delta p_2}{\Delta p_1} \times 100\% \tag{6-1}$$

式中，η 为与清水同一测量条件下降阻水相对清水的降阻率，%；Δp_1 为清水流经管路时的稳定压差，Pa；Δp_2 为与清水在同一测量条件下降阻水流经管路时的稳定压差，Pa。

降阻水体系的配方为：0.10%降阻剂（乳液）+0.1%助排剂+0.3%黏土稳定剂。

从图 6-1 可以看出，在同一浓度下，随着剪切速率的增加，降阻效果明显。降阻水在 0.10%使用浓度下，最高降阻率达到了 68%，这是由于聚合物大分子的加入，大分子线性基团在管道流体中伸展使得流体内部的紊动阻力下降，抑制了径向的湍流扰动，使更多作用力作用在沿着流动方向的轴向，同时吸收能量，干扰薄层间的水分子从缓冲区进入湍流核心，从而阻止或者减轻湍流，湍流越大，抑制效果越明显，表现出的降阻效果越好。

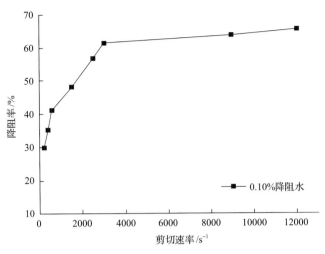

图 6-1 降阻水在不同流速下的降阻率

4. 携砂性能评价

携砂性能评价可以通过单颗粒陶粒的沉砂速度评价，也可以按照携砂浓度的陶粒沉砂速度评价。取单颗粒的低密度支撑剂，加入 100mL 配制的降阻水中，秒表测量单颗粒支撑剂在 100mL 量筒中完全沉底的时间。对于降阻水体系，黏度和支撑剂沉降时间随降阻剂浓度的增大而缓慢增加，携砂能力与黏度呈正比关系。降阻水体系静态悬砂实验结果如表 6-9 所示。

表 6-9 降阻水体系静态悬砂实验结果

支撑到	不同黏度下的沉降时间/s			
	3.0mPa·s	6.6mPa·s	10.0mPa·s	16.5mPa·s
支撑剂 1	6	9	15	20
支撑剂 2	5	10	13	18

5. 黏弹性能

1) 频率扫描

黏弹性是评价降阻水体系的重要指标之一，利用流变仪，在 25.0℃下，对 0.1%降阻剂(乳液)溶液进行频率扫描，结果如图 6-2 所示。

如图 6-2 所示，在扫描频率为 0.1～8Hz 较宽的频率范围内，其储能模量(又称弹性模量)较高，稳定在 1.0Pa 以上，且储能模量 G' 均大于耗能模量 G''(又称黏性模量)，表现为弹性体系。

2) 应力扫描

利用流变仪，在 25℃下，以 0.5Hz 的恒定频率，对 0.1%降阻剂溶液进行应力扫描，测得储能模量 G' 和耗能模量 G'' 与应力的关系，结果如图 6-3 所示。

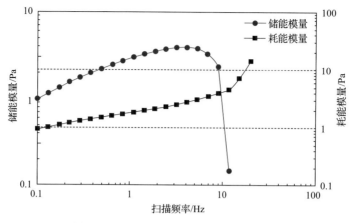

图 6-2　0.1%降阻剂(乳液)频率扫描结果

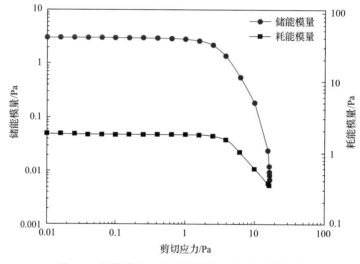

图 6-3　储能模量 G' 和耗能模量 G'' 与应力的关系

一般来说，若 $G'>G''$，则流体表现出以弹性行为为主。如图 6-3 所示：在 0.01～3.0Pa 的应力扫描范围内，弹性模量 G' 一直大于黏性模量 G''，且 $G'>1.0$Pa，根据 Hoffmann 提出的判断溶液是否具有黏弹性的方法，可以断定该溶液具有黏弹性，由于黏弹性与湍流漩涡发生作用，使得漩涡的一部分能量被降阻剂分子所吸收，以弹性能的方式储存起来，使涡流动能减小达到降阻效果。

6. 耐剪切性能

用流变仪对降阻水溶液进行耐剪切试验，观察剪切速率从 $0s^{-1}$ 增加到 $3000s^{-1}$ 黏度的变化情况，如图 6-4 所示。

从图 6-4 看出，降阻水体系的黏度随剪切速率的增加下降非常缓慢，有较好的耐剪切能力。

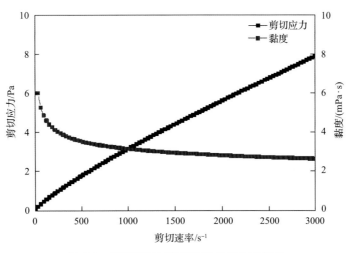

图 6-4 剪切速率与黏度变化关系实验结果

7. 耐盐性能

地层中含有大量的金属离子(如钾、钠、钙、镁离子等),其盐类对一般聚合物的黏度有较大影响,会降低聚合物的降阻性能,因此评价降阻水体系的耐盐性具有重要意义。

将降阻剂样品配成 0.10%的降阻水溶液,分别测试其加入氯化钾前后不同剪切速率下的降阻率,实验结果如图 6-5 所示。实验结果表明:降阻水体系中加入氯化钾前后降阻率变化较小,耐盐性能好,这是由于在聚合物链中加入了一定的耐温抗盐基团,如含磺酸基的高活性阴离子型强水化基团、带强电离基团的结构单元等,这些基团的电离受电解质浓度影响较小,其溶液的动力学性质的变化也较小,所以该体系在高矿化度下稳定性也较好,表现出较好的抗盐性能。

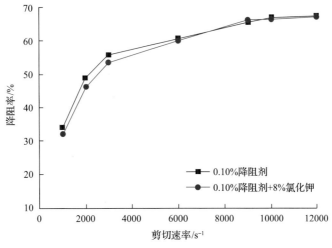

图 6-5 降阻水体系的耐盐性

8. 储层伤害性评价

采用岩心驱替系统评价驱替降阻水前后岩心渗透率的变化,或者采用核磁共振扫描仪评价岩心饱和降阻水前后孔隙情况的变化。

钻取页岩岩心(图 6-6)，参照中华人民共和国石油天然气行业标准《岩心常规分析方法：SY/T 5336—1996》对岩心进行切割、标记、烘干及称量。

图 6-6　页岩岩心

共进行了两组实验，实验方案如表 6-10 所示。

表 6-10　压裂液岩心伤害实验方案

岩心编号	长度/mm	直径/mm	压裂液类型
1	38.28	25.30	降阻水压裂液
2	37.70	25.26	

降阻水压裂液伤害测试流程图如图 6-7 所示。

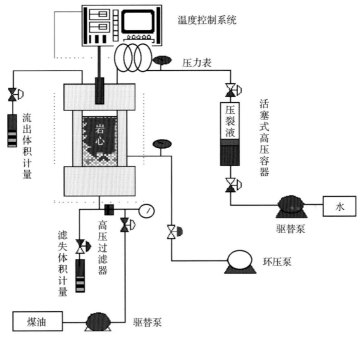

图 6-7　降阻水压裂液伤害流程图

根据《水基压裂液性能评价方法：SY/T 5107—2005》流动介质选用原则，对气井测试渗透率时用氮气作为流动介质。

表 6-11 为降阻水压裂液对页岩岩心基质渗透率伤害的实验结果。由表 6-11 可知，降阻水压裂液对岩心渗透率伤害率较小，为 11.81%～14.68%，平均伤害率为 13.24%。

表 6-11　降阻水压裂液对页岩岩心伤害实验结果

岩心编号	伤害前渗透率 $K_1/10^{-3}\mu m^2$	伤害后渗透率 $K_2/10^{-3}\mu m^2$	伤害率/%	平均伤害率/%
1	0.00288	0.00254	11.81	13.24
2	0.00477	0.00407	14.68	

6.1.4　降阻水压裂液现场应用

1. 乳液降阻水体系现场应用

1) 在陆相页岩储层大型压裂中的应用

D 井是西北柴达木盆地陆相侏罗系一口页岩气探井[9]，为了评价大煤沟组页岩储层的含气性，决定对目的储层三个层段(1928.0～1931.5m、1945.4～1949.2m、1958.0～1960.5m，9.8m/3 层)进行压裂改造。主压裂泵入降阻水 640.00m³，胶液 373.00m³，段塞加砂 57.00m³，顶替液 10.00m³，破裂压力 42.00MPa，施工最高压力 55.80MPa，最大排量 9.00m³/min，平均砂比 5.63%，降阻水现场测试降阻率达到 65%。

从页岩储层现场施工统计来看，新型降阻水体系在页岩储层压裂中表现出了良好的特性：溶胀速度快，操作配制简单，易于配制，满足在线混配的要求(一天两段施工)；施工摩阻低，现场测试降阻效果好(降阻率达到 65% 以上)；降阻水黏度可调，携砂能力较好，最高砂液比达到 12%；防膨效果好，有效抑制储层黏土矿物膨胀(防膨率达到 70%)、对储层基质伤害小(伤害率小于 10%)；表面张力小(<25mN/m)，易返排，返排率高；耐温好(最高温度 120℃)，耐盐性好，适应性强，能够满足页岩油气储层大型压裂施工需要。

2) 在致密薄互储层压裂中的应用

E 井是江汉盆地江陵凹陷公安单斜带魏家场断鼻的一口探井，为了评价新下 3 油组的含油性，决定对新下 3 油组 3 个薄层段(2760.8～2762.0m、2763.2～2764.4m、2771.0～2772.0m，3.4m/3 层)进行压裂改造。根据应力剖面解释情况，该井目的层上部隔层应力遮挡条件较差，缝高控制难。为了解决该难题，施工中采用综合控缝高技术，即前置液阶段用降阻水以低排量造缝，使每个小层慢慢憋开，避免缝高过早压窜；携砂液阶段逐渐提高排量，采用低黏清洁压裂液携砂，加强对裂缝的有效支撑。

压后井温测井解释显示，裂缝缝高在 2760～2774m 区间范围内延伸，缝高 14m，有效控制了缝高在纵向上的过度延伸，也验证了该思路对顶底板遮挡条件较差的薄互层压裂具有较好的适用性。

该井压后压裂液返排率和见油时间明显好于同类型油藏压裂井，初期日产量达到 6t，后期稳产达到 4t 左右，是相邻区块产量的 3～4 倍，取得了较好的经济效益。

通过 6 口高应力致密薄互砂岩油藏压裂现场应用情况来看，通过前置液阶段采用低黏降阻水低排量造缝，一方面能控制裂缝纵向延伸高度，另一方面也最大限度地降低外来液体对储层的伤害。压后分析表明，低黏降阻水控缝高作用明显，返排率高，且比胍胶压裂液有更好的降阻效果，能够满足高应力致密薄互储层压裂的需要。

2. 粉末降阻水体系现场应用

粉末降阻水体系已于丁山区块成功应用[10]，丁山构造是中国石化重点页岩气探区，地处四川盆地东南缘川鄂湘黔褶皱带的过渡部位，相比涪陵区块，地质条件差异较大、五峰组—龙马溪组页岩品质较低。C-3 井是丁山构造北西翼的一口常压页岩气预探井，优质页岩深度为 2480～4176.72m，全烃含量为 4.74%～28.19%，TOC 含量为 3.21%～7.38%。总体压裂思路是采用全尺度缝网压裂技术，针对所有段以提高有效改造体积和导流能力为目标，提高缝网密度。

该井共压裂 22 段，采用降阻水(90%～95%)+胶液体系(5%～10%)混合压裂，总压裂液量 41330.1m³，总砂量 1567.6m³，实际液量与设计液量基本持平(略超 4%)，实际砂量超过设计砂量 7%，设计符合率较高，40-70 目支撑剂+30-50 目支撑剂占 85%以上，降阻水用量 91%以上，全井段综合砂液比 3.87%，最高 4.62%，现场施工达到了国内页岩气水平井施工较高水平。第 17 段压裂施工曲线如图 6-8 所示。

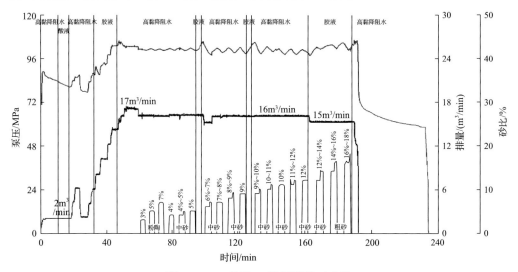

图 6-8　C-3 井第 17 段压裂施工曲线

压裂施工中压裂液性能稳定；降阻水降阻率 80%～82%(15m³/min，139.7mm 管柱)，40-70 目携砂最高砂比 15%，单段 30-50 目最高携砂 8m³；胶液降阻率 75%～78%(15m³/min，139.7mm 管柱)，40-70 目携砂最高砂比 16%，30-50 目携砂最高砂比 15%。

C-3 井通过缝网改造技术，81%的施工段形成剪切网缝，14%形成了较为复杂的裂缝，仅一段未见到大范围复杂裂缝特征；全井段改造体积达到 3381×10⁴m³；全井段控制储量约为 2.72×10⁸m³；压后产量达到 3.36×10⁴m³/d，获得了较好的增产效果，对下一步常压页岩气压裂提供了重要的借鉴。

6.2 低伤害强携砂胶液体系

相比降阻水而言,胶液压裂液黏度较高,在网络裂缝的基础上,对缝高和缝宽的增加具有较好的作用;同时可提高携砂能力,满足较高砂浓度的压裂需求。当然,必须控制好胶液的黏度范围,在满足造缝能力、携砂能力的基础上,还能满足大幅度降低压裂液的摩阻要求,与降阻水一样,同样能满足高排量的压裂施工需求。而常规胍胶压裂液虽然具有携砂能力好、性能比较稳定等优点,但由于胍胶以刚性分子结构为主,降阻性能较差,不能满足页岩气压裂高排量泵注要求,同时胍胶的水不溶物多、残渣高,也不能满足页岩气储层保护需要。根据页岩气特点,以新型聚合物增稠剂为主剂,优选配套交联剂、防膨剂、助排剂、破胶剂等添加剂,形成低伤害、强携砂、低成本的新型胶液压裂液体系。

6.2.1 胶液压裂液的原理

该胶液体系主要采用一种可逆物理交联聚合物压裂液(又称疏水缔合聚合物压裂液),此类压裂液是目前国内外研究较多的技术领域。该压裂液所用增稠剂是一类在主链上引入极少量疏水基团的高分子聚合物,疏水基团含量为 $2mol\%\sim5mol\%$(摩尔分数),所用交联剂是一类阴离子表面活性剂或非离子表面活性剂,其作用机理是疏水缔合聚合物增稠剂分子和物理交联剂分子通过静电、氢键或者范德瓦耳斯力形成三维网状结构,使溶液黏度大幅度增加(图6-9)。物理交联聚合物压裂液形成的冻胶有别于化学交联聚合物压裂液,聚合物增稠剂分子内或者分子间能产生具有一定强度又可逆的物理缔合作用,这一特性能很好地解决压裂液的热稳定性和抗剪切性,另外盐的加入会使疏水缔合作用增强,使水溶液黏度保持稳定甚至增高,表现出良好的抗盐性。该物理交联聚合物压裂液体系具有组成简单、低残渣、低伤害、低摩阻、抗剪切和耐温耐盐等特点,可以作为替代胍胶压裂液产品,满足常压页岩气的压裂需要。

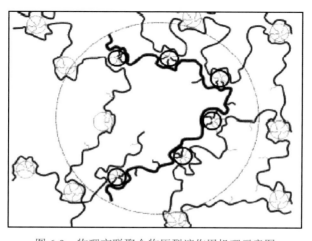

图 6-9　物理交联聚合物压裂液作用机理示意图

6.2.2 胶液压裂液添加剂优化

以聚合物增稠剂为基础，优选交联剂、高效防膨剂、助排增效剂、破胶剂等，通过交联剂进一步提高体系的黏度，高效防膨剂提高体积的防膨效果，抑制黏土矿物的膨胀，助排增效剂降低体系的表面张力，减少毛细管阻力，有利于液体返排，破胶剂降低流体的黏度，解决压裂液的返排问题，研究形成了 SRFP 胶液体系基本配方：0.30%增稠剂+0.06%交联剂+0.30%高效防膨剂+0.10%助排增效剂+0.05%破胶剂。

1. 增稠剂优选

常压页岩气压裂需满足造主裂缝对压裂流体强携砂能力和黏弹性的要求，以聚合物为主体的胶液体系最关键的是水溶性黏弹性聚合物。

通常所说的水溶性黏弹性聚合物是一种强亲水性的高分子材料，能溶解或溶胀于水中形成溶液或分散体系。在水溶性聚合物的分子结构中含有大量的亲水基团。亲水基团通常可分为三类：①极性非离子基因，如醚基、胺基、酸胺基等；②阴离子基团，如梭酸基、磺酸基、磷酸基、硫酸基等；③阳离子基团，如叔胺基、季胺基等。聚合物中的这些基团不仅使其具有水溶性，还使之具有化学反应功能，以及絮凝、增黏、黏合、成膜、成胶、螯合等多种物理功能。

水溶性黏弹性聚合物按构成主链的原子不同，可分为碳链和杂链水溶性聚合物：按链分为线型、支链型及交联型水溶性聚合物；按分子所具电荷可分为非离子、阴离子、阳离子及两性水溶性聚合物。最常见的分类是按其来源进行分类：天然水溶性聚合物(淀粉类、植物胶类、动物胶类)、生物聚合物(黄原胶、硬葡聚糖、鼠李糖脂等)、半合成水溶性聚合物(改性淀粉、改性纤维素、改性胍胶、改性木质素等)、合成水溶性聚合物(聚丙烯酰胺、聚丙烯酸、聚乙烯醇、聚氧化乙烯、胺基树脂、酚醛树脂等)。

胶液压裂液用的黏弹性聚合物的研究包括如下两个研究方向：①具有耐温抗盐单体结构单元的丙烯酰胺共聚物，在聚丙烯酰胺中引入具有抑制水解、络合高价阳离子、提高大子链的柔性与水化能力等作用的功能性结构单元，制备高性能聚合物增稠剂；②分子具有特殊交联作用的缔合型聚合物，利用大分子间氢键、范德瓦耳斯力等作用力，使聚合物在溶液中具有特定的分子结构与超分子结构，从而获得较高黏性和弹性的压裂液胶液体系。通过分子结构设计、合成方法及参数研究，研究出具有磺酸基、羧基、酰胺基等基团的聚合物增稠剂，如图 6-10 所示。

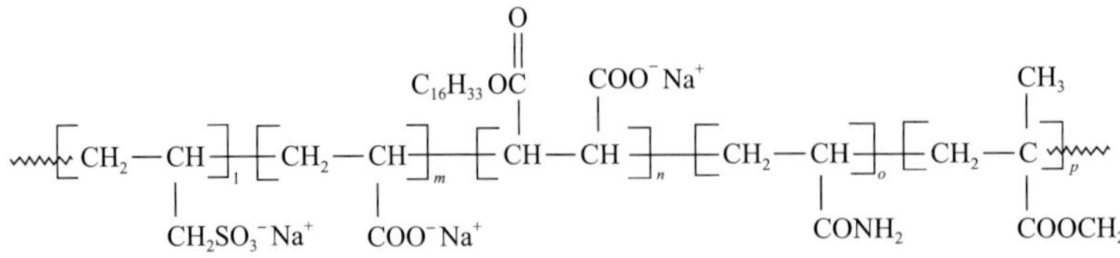

图 6-10 胶液稠化剂分子结构设计示意图

根据产物分子结构，从自由基聚合、阴离子聚合、阳离子聚合、配位聚合等反应机理中确定选择出自由基聚合，同时综合考虑自由基聚合所用原料、引发剂、传热、物料输送、产物溶解、操作方式等方面选择水溶液聚合实施方法。根据分子结构，通过投料、反应参数及合成工艺，形成聚合物增稠剂，其外观为白色固体粉末，黏均分子量 $4×10^6 \sim 6×10^6$，溶解时间 0.5h。

采用 HAAKE MARS III型流变仪评价压裂液的流变性能，流变仪程序设定分以下三步：①25℃稳定 5min；②以 3℃/min 的升温速率从 25℃开始升温至实验温度；③稳定实验温度直至实验结束。

按照石油天然气行业标准《水基压裂液性能评价方法：SY/T 5107—2005》进行胶液流变性能评价。保持温度 80℃和 0.1%交联剂不变，考查不同增稠剂浓度对胶液表观黏度的影响。在 80℃条件下，当增稠剂的浓度大于或者等于 0.3%时，表观黏度大于 30mPa·s，符合行业标准要求；当增稠剂的浓度小于 0.3%，表观黏度小于 30mPa·s，不符合行业标准要求。由于增稠剂的浓度直接决定压裂液的实际应用成本，因此选择压裂液增稠剂的最佳浓度为 0.3%(图 6-11)。

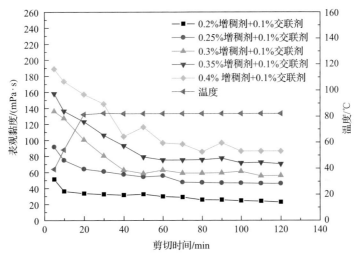

图 6-11 胶液表观黏度随增稠剂浓度变化规律

80℃，170s^{-1}，剪切 2h，交联剂浓度为 0.1%

2. 交联剂浓度优选

流变实验方法如上所述。保持温度 80℃和增稠剂 0.3%不变，考查不同交联剂浓度对胶液表观黏度的影响，结果如图 6-12 所示，结果表明交联剂最佳浓度为 0.12%。

3. 黏土稳定剂优选

采用离心法评价高效黏土稳定剂，首先是与增稠剂的配伍性实验，配伍合格的黏土稳定剂再进行使用浓度的优选，实验结果如表 6-12 所示。经过黏土稳定剂的优选实验 0.3%黏土稳定剂的防膨率可以达到 85%以上。

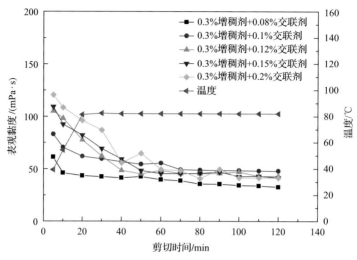

图 6-12 胶液表观黏度随交联剂浓度变化规律

80℃，170s^{-1}，剪切 2h，增稠剂浓度为 0.3%

表 6-12 防膨剂评选实验

序号	配方	防膨率/%
1	0.30%稠化剂+0.12%交联剂+0.1%黏土稳定剂+0.1%助排剂	53.10
2	0.30%稠化剂+0.12%交联剂+0.2%黏土稳定剂+0.1%助排剂	69.92
3	0.30%稠化剂+0.12%交联剂+0.3%黏土稳定剂+0.1%助排剂	85.5
4	0.30%稠化剂+0.12%交联剂+0.4%黏土稳定剂+0.1%助排剂	86.6
5	0.30%稠化剂+ 0.12%交联剂+0.4%黏土稳定剂+0.1%助排剂	87.8

4. 助排剂优选

采用 K100 型全自动表/界面张力仪测试不同助排剂的表面张力，根据毛细管阻力对液体返排的影响，通常表面张力越低越有利于液体的返排，实验结果如表 6-13 所示，根据实验结果可知序号 4 的助排剂配伍性好，表面张力低，如表 6-13 所示。

表 6-13 助排剂优选实验结果表

序号	表面张力/(mN/m)		与增稠剂的配伍性
	清水+0.1%助排剂	0.3%增稠剂+0.1%助排剂	
1	31.08	33.78	配伍
2	46.34	48.53	配伍
3	28.82	37.91	配伍
4	25.04	26.8	配伍
5	28.32	30.79	配伍
6	23.33	31.55	配伍
7	32.06	40.84	配伍

6.2.3　胶液压裂液性能评价

1. 耐温耐剪切性能

胶液是一种线性胶，线性胶压裂液的分子结构不同于常规交联胍胶压裂液，常规交联胍胶压裂液为立体网状结构，而线性胶压裂液是一种线型结构，线性胶压裂液的流变性能是影响页岩气压裂施工成败的主要因素之一。

随着温度升高，一方面疏水缔合聚合物分子热运动加剧，导致溶液非结构黏度下降，另一方面促使分子链间的缔合作用增加，导致溶液结构黏度增加。疏水缔合聚合物压裂液的耐温耐剪切性能由这两个方面共同作用。本节保持增稠剂质量分数 0.5%，交联剂质量分数 0.1%和 KCl 质量分数 1%不变，考查不同温度对胶液表观黏度的影响，结果如图 6-13 所示。

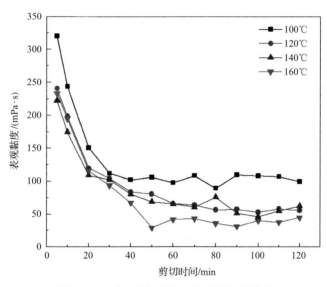

图 6-13　不同温度对胶液表观黏度的影响

由图 6-13 可知，当温度为 140℃，表观黏度为 62mPa·s；当温度为 160℃，表观黏度为 45mPa·s。依据行业标准《压裂液通用技术条件：SY/T 6376—2008》，结果表明：胶液体系耐温性能可以达到 140℃。实验现象解释为疏水缔合作用是一个吸热过程，温度缓慢上升，疏水缔合聚合物分子热运动加剧，溶液非结构黏度下降，宏观表现为表观黏度随着温度的升高而降低。随着温度继续升高，增强了分子间的缔合作用，宏观表现为表观黏度的降低趋于稳定，该压裂液表现出良好的耐温性能，完全满足常压页岩气储层温度的施工条件。

2. 静态悬砂实验

压裂液的悬砂性能指压裂液对支撑剂的悬浮能力。悬砂能力越强，压裂液所能携带的支撑剂粒径和砂比越大，携入裂缝的支撑剂分布越均匀。如果悬砂性太差，容易形成砂堵，造成压裂施工失败。以增稠剂质量分数0.6%、交联剂质量分数0.15%、KCl质量分数1%配制胶液压裂液体系，按照40%砂比(体积比)称量20-40目陶粒，进行静态悬砂性能测试(图6-14)。结果表明，24h和48h沉降速度分别为4.6×10^{-4}mm/s和6.9×10^{-4}mm/s。国外报道认为，压裂液静态悬砂实验中砂子的自然沉降速率小于8×10^{-3}mm/s时，悬砂性能较好。因此，胶液压裂液具有良好的携砂性能。现场压裂施工过程中，压裂液在井筒和裂缝中流动时，由于存在剪切作用(压裂液经过炮眼时的剪切速率可以达到$1000s^{-1}$)，使得现场压裂施工中陶粒沉降速度远高于实验室测量的静态沉降速度，这更不利于提高压裂液携带支撑剂的能力。

(a) $T=0$h

(b) $T=24$h

(c) $T=48$h

图6-14 不同时间的胶液静态悬砂实验

3. 降阻性能实验

常压页岩气压裂施工中，为了有利于压裂液造缝和携砂，通常需要较高的泵注排量，在高排量下需要考虑压裂液的摩阻问题。不同浓度胶液增稠剂的降阻率，随着增稠剂浓度从0.05%增加到0.15%，降阻效果表现为先增加后减小。这是因为增稠剂能在管道内形成弹性底层，随着浓度从 0.05%增加到 0.1%，弹性底层变厚，降阻效果变好。当增稠剂浓度增加到 0.1%后，弹性底层达到管轴心，降阻率达到最大值(图 6-15)。

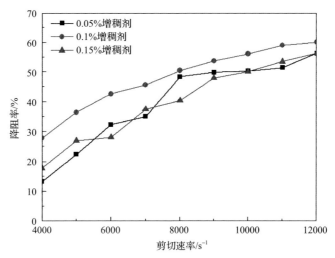

图 6-15　不同浓度增稠剂的降阻率随剪切速率的变化规律

4. 破胶性能及残渣分析

胶液压裂液只有完全彻底破胶才能最大限度地减少对页岩储层的伤害。在 60℃、70℃ 和 80℃ 条件下，按照质量分数 0.005%～0.05%加入破胶剂(过硫酸铵)，进行破胶实验，考查破胶液的表观黏度随过硫酸铵浓度的变化规律，结果如表 6-14～表 6-16 所示，采用 K100 型全自动表/界面张力仪测定破胶液的表面张力，实验结果如图 6-16～图 6-18 所示。

表 6-14　胶液压裂液破胶性能评价(60℃破胶温度)

破胶时间	不同质量分数破胶液表观黏度/(mPa·s)				
	0.01%	0.02%	0.03%	0.04%	0.05%
2h	10.28	8.64	8.02	4.63	3.52

表 6-15　胶液压裂液破胶性能评价(70℃破胶温度)

破胶时间	不同质量分数破胶液表观黏度/(mPa·s)				
	0.01%	0.02%	0.03%	0.04%	0.05%
2h	4.82	4.13	3.26	2.98	2.41

表 6-16　胶液压裂液破胶性能评价(80℃破胶温度)

破胶时间	不同质量分数破胶液表观黏度/(mPa·s)					
	0.005%	0.01%	0.02%	0.03%	0.04%	0.05%
1h	4.91	4.08	3.46	2.37	2.07	1.98

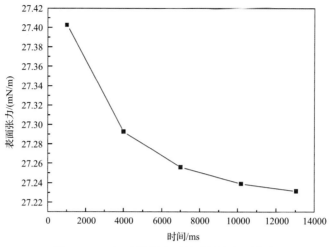

图 6-16　60℃破胶温度下的破胶液表面张力

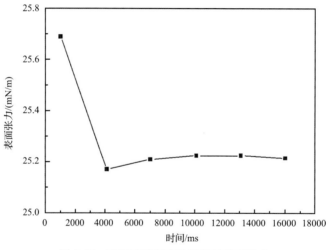

图 6-17　70℃破胶温度的破胶液表面张力

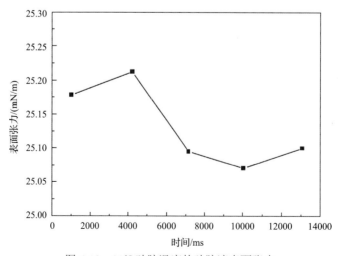

图 6-18　80℃破胶温度的破胶液表面张力

对于胶液压裂液体系，在 60℃温度条件下进行破胶实验，当加入过硫酸铵的质量分数为 0.04%时，破胶时间为 2h，破胶液的表观黏度为 4.63mPa·s，破胶液的表面张力为 27.28mN/m；在 70℃温度条件下进行破胶实验，当加入过硫酸铵的质量分数为 0.01%时，破胶时间为 2h，破胶液的表观黏度为 4.82mPa·s，破胶液的表面张力为 25.38mN/m；在 80℃温度条件下进行破胶实验，当过硫酸铵质量分数为 0.005%时，破胶时间为 1h，破胶液的表观黏度为 4.91mPa·s，表面张力为 25.13mN/m，上述数据均符合行业标准《压裂液通用技术条件：SY/T 6376—2008》要求。由于胶液破胶液的表面张力较低，有利于克服水锁及贾敏效应，降低毛细管阻力，增加破胶液的返排能力。将不同破胶温度条件下的破胶液高速离心 60min，烘干后称量离心管上的残渣，得到残渣含量分别为 71mg/L、56mg/L 和 42mg/L，远远小于 100mg/L 的行业标准。

5. 静态滤失性能

压裂液的滤失受自身黏度、在地层中流体的黏弹性以及地层流体的造壁性能与配伍性影响。一种理想的压裂液应该具有较低的滤失量，才能在地层中形成高效延伸的裂缝。以增稠剂质量分数 0.6%、交联剂质量分数 0.15%、KCl 质量分数 1%配制胶液压裂液体系进行静态滤失实验，结果如表 6-17 所示。由表 6-17 可知，胶液压裂液初滤失量为 $1.289 \times 10^{-2} m^3/m^2$，滤失系数为 $8.47 \times 10^{-4} m/min^{0.5}$，滤失速率为 $2.63 \times 10^{-4} m/min$，上述数据符合行业标准《压裂液通用技术条件：SY/T 6376—2008》要求，结果表明该压裂液体系能有效降低滤失。

表 6-17 胶液压裂液静态滤失实验

项目	初滤失量/(m^3/m^2)	滤失系数/$(m/min^{0.5})$	滤失速率/(m/min)
胶液压裂液	1.289×10^{-2}	8.47×10^{-4}	2.63×10^{-4}
SY/T 6376—2008 标准	$\leqslant 5 \times 10^{-2}$	$\leqslant 9 \times 10^{-3}$	$\leqslant 1.5 \times 10^{-3}$

6. 岩心基质伤害性能评价

压裂液滤液对岩心基质的伤害以岩心渗透率的变化来表征，影响因素主要有岩心的矿物组成、岩心渗透率大小和压裂液破胶程度等。选取直径为 2.5cm、长度为 3.75cm 的天然岩心，采用高温高压滤失仪，按照《水基压裂液性能评价方法：SY/T 5107—2005》中的评价方法，测定压裂液滤液对岩心基质伤害率，实验结果如表 6-18 所示。胶液滤液对岩心基质伤害前的渗透率为 $8.9 \times 10^{-3} \mu m^2$，伤害后渗透率为 $7.6 \times 10^{-3} \mu m^2$，计算伤害率为 14.6%，符合行业标准《压裂液通用技术条件：SY/T 6376—2008》要求。

表 6-18 胶液压裂液对岩心基质伤害实验

压裂液	岩心基质渗透率/μm^2		伤害率/%	技术指标/%
	伤害前	伤害后		
胶液压裂液	8.9×10^{-3}	7.6×10^{-3}	14.6	$\leqslant 20$

6.3 压裂液分段优化及同步破胶技术

6.3.1 设计原则

常压页岩气压裂液设计与常规储层压裂的流体设计不同，为了获得压裂成功并取得最大效益，在压裂液设计中需要遵循以下几个方面的原则：

(1)网络裂缝原则。

(2)最大改造体积原则。

(3)满足裂缝导流能力及携砂能力原则。

(4)快速返排、有效支撑裂缝原则。

6.3.2 压裂液优化设计

1. 降阻水压裂液优化设计

根据天然裂缝发育情况和改造体积的要求，同时考虑泵注排量对降阻水降阻效果的影响，对降阻水进行优化设计。对于天然裂缝比较发育、基质渗透率低的页岩储层，降阻水难以进入基质，需用低黏度的降阻水张开天然裂缝，利用黏度低易于流动的性能，快速充满天然裂缝的特点，扩大改造体积；对于天然裂缝比较发育而基质渗透率相对较高的页岩储层，需要采用黏度相对比较高的降阻水，利用高黏度利于降低滤失量的性质，降低降阻水对基质的滤失，从而延长人工裂缝，提高改造体积。

2. 胶液压裂液优化设计

根据天然裂缝发育情况、改造体积要求、压裂缝高的要求，以及支撑剂规模和裂缝导流能力的要求等，并考虑泵注排量对胶液压裂液降阻效果的影响，对胶液压裂液进行优化设计。天然裂缝不发育，可能形成双翼对称缝，而且对控制缝高要求不严格，目标是具有较高导流的人工裂缝，需要黏度比较高的胶液，以提高携砂能力。反之在满足砂浓度的情况下应尽可能降低胶液的黏度。

3. 降阻水、胶液压裂液比例优化设计

降阻水、胶液压裂液可以单独使用，也可能混合使用，但是两者之间的比例不是一成不变，以追求最佳改造体积并获得较好的改造效果为目标(图 6-19)，根据地层情况、压裂需求优化两者之间的比例，页岩气水平井由于井筒方位与地应力的影响及钻完井污染等因素，趾部压裂难度比较大，因此，一般情况下通常需要在趾部提高胶液的比例，同时靠近根部则要降低胶液的比例，图 6-20 为北美区块某井的不同段降阻水、胶液的比例。

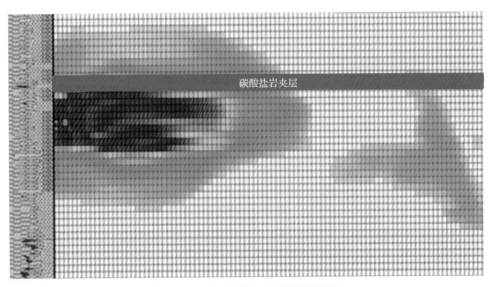

图 6-19　混合压裂液对体积压裂的影响

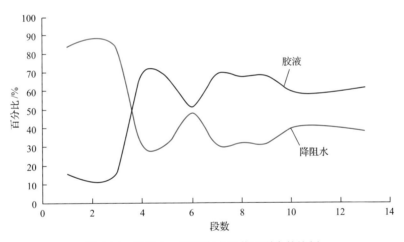

图 6-20　降阻水、胶液在水平井压裂中的比例

4. 配液要求

1) 降阻水压裂液配液要求

如果全部原材料为溶液，可以利用射流泵辅助配液，能够实现在线配制。配液顺序：依次加入降阻剂、黏土稳定剂、助排剂及其他添加剂，循环均匀后可以直接使用。降阻剂遇水易团聚，防止形成"鱼眼"影响基液的黏度，堵塞地层。

2) 胶液压裂液配液要求

增稠剂通常为固体粉末，交联剂为液体，黏土稳定剂为淡黄色液体，助排剂为液体，破胶剂为固体粉末。可以利用射流泵辅助配液或者气动配制设备实现在线配液。配液顺序：依次加入增稠剂、黏土稳定剂、助排剂，循环均匀后完成配液，交联剂、破胶剂施工时通过混砂车按照设计量添加。增稠剂遇水易团聚，防止形成"鱼眼"影响基液的黏度，堵塞地层。

6.3.3 同步破胶设计

长水平段（＞1000m）水平井压裂段数多、压裂液用量大、施工时间长、温度剖面变化大，压裂过程中井筒与裂缝中的温度会随着压裂液的注入而逐步下降，甚至相差 20～50℃。压裂液破胶时间不统一、破胶不同步将导致前期破胶液滤失快，进而增加储层的伤害和影响裂缝的有效支撑，最终影响压裂效果。

压裂液在完成造缝、输砂任务后，失去了其应有的作用，需要为压后的产量让出通道，因此最后一项任务就是破胶。根据压裂液破胶实验，破胶剂的浓度与破胶时间呈反比，破胶时间又与环境温度呈反比。压裂施工过程中由于大量泵注压裂液，使得裂缝内的温度大大低于地层温度，在该温度条件下破胶时间也将会相应延长，因此需要考虑调整破胶剂的加量。同时在水平井压裂过程中，完成段数多，压裂时间比较长，待所有段压裂结束后，才能开井返排，因此需要设计不同压裂段的破胶时间，利用温度场的变化，通过调整破胶剂的加量来实现破胶速度的控制[11]。

1. 水平井压裂储层温度变化模拟

以储层温度为基准温度，利用三维压裂优化设计软件优化形成每一压裂段随压裂液注入时裂缝内的温度变化剖面，形成目标区块的温度剖面模板。目的层温度为 90℃不同加砂阶段模拟如表 6-19 所示，压裂过程中温度场剖面模拟如图 6-21 所示。

表 6-19　目的层温度为 90℃不同加砂阶段模拟

时间/min	前置液阶段	加砂阶段					
		1	2	3	4	5	6
0	21.2	—	—	—	—	—	—
41	42.8	21.1	—	—	—	—	—
48	51.9	26.2	21.1	—	—	—	—
55	57.3	43.6	26.2	21.1	—	—	—
68	65.1	60.5	56.7	33.6	21.1	—	—
88	74.3	75.3	74.7	69.6	40.9	21.1	—
107	81.7	86.2	85.7	84.5	80.8	71.7	58.3
130	86.5	87.0	86.3	85.4	83.4	78.6	70.8
160	87.8	83.0	82.1	79.8	70.8	39.9	21.1
220	88.4	87.4	86.8	85.7	83.5	80.2	74.8
300	—	88.9	88.5	87.7	86.0	83.0	78.3
400	—	89.1	88.8	88.1	86.6	84.1	80.2
500	—	89.2	88.9	88.3	87.0	84.8	81.4
600	—	89.3	89.0	88.4	87.3	85.3	82.2

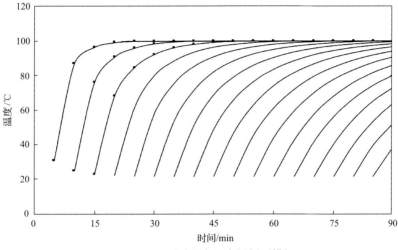

图 6-21 压裂过程中温度场剖面模拟

2. 加入破胶剂后的压裂液优化配方

根据压裂设计优化形成低伤害压裂液体系,在储层温度和考虑温度剖面条件下评价压裂液的耐温耐剪切性能;在相同温度下,实验评价加入不同种类和不同浓度破胶剂后的压裂液耐温耐剪切性能,以确保长时间施工时压裂液具有很好的携砂性能。

3. 多段压裂施工后同步破胶的"三变"技术

采用"三变"(变破胶剂类型、变破胶剂浓度、变破胶剂加入方式)技术,实现多段压裂施工后同步破胶。

选择不同压裂液配方(不同浓度增稠剂、不同交联比例)开展储层温度和考虑温度剖面条件下的破胶实验。

(1)不同破胶剂类型:加入常规破胶剂过硫酸铵和过硫酸钾;当储层温度高于80℃时,考虑加入微胶囊破胶剂;当储层温度低于50℃时,考虑加入低温破胶活化剂。

(2)不同破胶剂浓度:微胶囊破胶剂加入比例0.005%~0.04%,常规破胶剂加入比例0.01%~0.20%,低温破胶活化剂加入比例0.01%~0.06%。

(3)不同破胶剂加入方式:将不同类型破胶剂优化组合,如表6-20所示。

表 6-20 示例的某井变破胶剂类型、变破胶剂浓度、变破胶剂加入方式

压裂段数	破胶剂加入比例	前置液阶段	携砂液前 1/4 阶段	携砂液前 2/4 阶段	携砂液前 3/4 阶段	携砂液后 3/4 阶段	顶替液阶段
第 1~4 段	胶囊破胶剂/%	0.01	0.03	0.04	0.05	—	—
	过硫酸盐/%	—	—	0.01	0.02	0.03	0.04
第 5~8 段	胶囊破胶剂/%	0.01	0.03	0.04	0.05	—	—
	过硫酸盐/%	—	—	0.01	0.02	0.03	0.06
第 9~11 段	胶囊破胶剂/%	0.01	0.03	0.04	0.05	—	—
	过硫酸盐/%	—	0.01	0.02	0.03	0.06	0.08
第 12~18 段	胶囊破胶剂/%	0.01	0.03	0.04	0.05	—	—
	过硫酸盐/%	—	0.01	0.03	0.05	0.08	0.10
	低温破胶活化剂/%	—	—	—	—	0.50	—

4. 考虑温度剖面的压裂液破胶性能实验

计算出每一段压裂需要的微胶囊破胶剂和过硫酸铵的具体用量，优化追加剖面，实现压裂液快速彻底破胶，满足压后快速返排要求，降低地层伤害(表 6-21)。

表 6-21 不同温度下的破胶剂浓度

温度/℃	过硫酸铵浓度/%	胶囊破胶剂/%	不同时间的破胶液黏度/(mPa·s)			
			1h	2h	4h	6h
90	0.02	—	变稀	变稀	2.53	—
	0.05	—	变稀	2.18	—	—
	0.08	—	3.36	—	—	—
70	0.02	—	冻胶	稀胶	3.21	
	0.05	—	稀胶	4.19	—	—
	0.08	—	变稀	2.49	—	—
	0.10	—	2.71	—	—	—
50	0.05	0.05	稀胶	变稀	2.61	—
	0.08	0.05	变稀	3.17	—	—
	0.10	0.04	4.75	2.66	—	—
	0.12	0.04	3.29	—	—	—

5. 破胶剂加入程序(以 12 段压裂为例)

室内实验研究显示：压裂液体系具有良好的破胶性能，随温度场变化和温度的降低追加破胶剂，可以实现压裂液快速彻底破胶，满足压后快速返排的要求，降低地层伤害。依据不同温度破胶实验的结果、分段数和温度剖面情况可优化破胶剂追加剖面，实现多段施工后同时破胶(表 6-22)[12,13]。

表 6-22 水平井分段压裂破胶剂加入参考剖面(压裂目的层温度为 90℃)

压裂段数	破胶剂加入比例	前置液阶段	携砂液前 1/4 阶段	携砂液前 2/4 阶段	携砂液前 3/4 阶段	携砂液后 3/4 阶段	顶替液阶段
第 1~4 段	胶囊破胶剂/%	0.01	0.01	0.02	0.03	—	—
	过硫酸铵/%	—	—	—	—	0.01	0.02
第 5~8 段	胶囊破胶剂/%	0.01	0.02	0.03	0.04	—	—
	过硫酸铵/%	—	—	—	—	0.01	0.03
第 9~11 段	胶囊破胶剂/%	0.01	0.02	0.03	0.04	—	—
	过硫酸铵/%	—	—	0.01	0.02	0.03	0.05
第 12~18 段	胶囊破胶剂/%	0.01	0.02	0.03	0.04	—	—
	过硫酸铵/%	—	—	0.01	0.03	0.04	0.06

参 考 文 献

[1] Lancaster D E, Holditch S A, Mcketta, et al. Reservoir evaluation, completion techniques, and recent results from Barnett shale development in the Fort Worth Basin. SPE 24884, 1992.

[2] Toms B A. Some observations on the flow of liner polymer solutions throught tubes at large Reynolds number//Proceedings of the 1st International Rheolugical Congress, II, Part2. Princeton: North-Holland Publish Co., 1949, 135-142.

[3] Walsh M J. Turbulent boundary layer drag reduction using rIblets. AIAA pAPER 82-0169, 1982.

[4] Lumley J L. Drag reduction by additives. Annual Review of Fluid Mechanics, 1969, 1(1): 367-384.

[5] Virk P S. An elastic sublayer model for drag reduction by dilute solutions of linear macromolecules. Journal of Fluid Mechanics, 2006, 45(3): 417-440.

[6] Berman N S. Velocity fluctuations in non-homogenous drag reduction. Chemical Engineering Communications, 1986, 42: 37-51.

[7] Virk P S. Drag reduction fundamentals. AIChE Journal, 1975, 21: 625-656.

[8] de Gennes P G. Short range order effects in the isotropic phase of nematics and cholesterics. Molecular Crystals and Liquid Crystals, 1971, 12(3): 193-214.

[9] 魏娟明, 刘建坤, 杜凯, 等. 反相乳液型降阻剂及降阻水体系的研发与应用. 石油钻探技术, 2015, 43(1): 27-32.

[10] 姚奕明, 魏娟明, 杜涛, 等. 深层页岩气降阻水技术研究与应用. 精细石油化工, 2019, 36(4): 15-19.

[11] 何青, 李雷, 徐兵威, 等. 大牛地气田水平井同步破胶技术研究. 重庆科技学院学报(自然科学版), 2015, 17(2): 42-46.

[12] 刘静, 周晓群, 管保山, 等. 压裂液破胶性能评价方法探讨. 石油化工应用, 2012, 31(4): 17-20.

[13] 龚继忠, 庄照峰. 对压裂后不破胶井产量效果的分析与认识. 石油与天然气化工, 2010, 39(1): 57-59.

第7章 常压页岩气分段压裂工具

结合常压页岩气储层特点及改造工艺需求，研制出适应我国常压页岩气分段压裂改造的井下工具，从而满足现场大排量、多段数、高效率、低成本的作业要求[1-4]，通过不断创新工具结构，突破新材料、工具测试等技术瓶颈，形成规格齐全、性能优越的系列压裂工具产品，主要包括大通径桥塞、可溶桥塞、延时启动趾端滑套等。上述工具的研制及应用，不仅能够降低完井成本、提高完井效率、缩短我国与国外先进技术的差距，同时对加快推进我国常压页岩气商业开发的早日实施，具有重要的战略意义和经济社会效益。

7.1 大通径桥塞分段压裂工具

桥塞分段压裂技术是油气田开发过程中一种主要的储层改造工艺技术，主要工艺是首先通过电缆和液力泵送桥塞及射孔枪至目的层段，然后利用电缆实现坐封、射孔，再进行套管压裂，以此类推，桥塞坐封、射孔和压裂联合作业，最后下入钻铣工具一次性钻除全部桥塞，实现水平井分段完井。

常规压裂桥塞存在工具内通径小、钻铣耗时长、费用高等问题，特别在水平井分段压裂改造中的推广应用受到限制。而大通径桥塞即可有效解决上述问题，与常规压裂桥塞相比，具有以下优势：

(1)坐挂、封隔、丢手、射孔一体化作业，可进行大规模压裂完井，且分层段数不受限制，可重复压裂改造。

(2)通径大，压裂后无须钻除，有利于产液及时返排，及时测试投产，有效提高单井施工效率，大幅降低施工成本，同时，桥塞在水平段中的位置更深，作业公司可以在难以采购连续油管设备的偏远位置开采油藏。

(3)采用可溶解憋压球，承压高，后期球体自行溶解形成大通径[5]。

(4)防转设计，可在桥塞需要钻除时提高磨铣效率。

7.1.1 国内外技术现状

国外大通径桥塞分段压裂技术已经开始用于页岩气分段完井中，主要有 Baker 公司的 SHADOW 压裂桥塞、Tryton 公司的 MAXFRAC 压裂桥塞、Schlumberger 公司的 Big Bore Plug 压裂桥塞以及 Weatherford 公司的 High-Flowback 压裂桥塞。其中，最具代表性的是 Baker 公司的 SHADOW 系列压裂桥塞及 Tryton 公司的 MAXFRAC 压裂桥塞。

Baker 公司的 SHADOW 系列压裂桥塞(图 7-1)，为永久可磨铣式桥塞，具有很大的内通径，且采用 Baker 的 IN-TallicTM 可溶性压裂球，压裂后其仍保留在井下，无须钻除，从而降低作业成本和 HSE 风险。SHADOW 桥塞目前有 4 1/2″、5 1/2″两种规格，5 1/2″

通径为 69.85mm，可承压 70MPa，耐温 37.8～176.7℃。该桥塞在 Horn River 盆地七口井中的两口井进行了现场测试，而其他五口井采用常规复合桥塞，采用 SHADOW 压裂桥塞的井和采用复合桥塞的井生产的产量是相同的，然而，由于 SHADOW 桥塞免去了钻除阶段，钻井时间减少了近两天，每口井节约成本达 150000 美元。截至目前，全球 SHADOW 压裂桥塞已经入井应用 100 多井次，主要在加拿大和美国东北地区。

Tryton 公司的 MAXFRAC 压裂桥塞如图 7-2 所示，目前有 4 1/2″、5″及 5 1/2″三种规格，有钢、铸铁两种材料，铸铁的根据作业要求后期可以钻除(需钻除时)，具有大通径、可溶球和单个整体式卡瓦机构，整体胶筒分体硫化技术，封隔压差高，坐封丢手机构采用底部弹性爪丢手，铸铁材料大通径桥塞可承压 70MPa，内径达到 69.85mm。目前已与中国石油西南油气田公司采气工程研究院达成战略合作，在四川威远 H3-1 井与长宁 H3-5 井成功应用几十个，效果良好，其中长宁 H3-5 井用 21 天钻完 1505m 水平段，共下入大通径桥塞 22 个，投产周期远远短于相邻的 H3-4 井和 H3-6 井，展现了"大通径桥塞+可溶性压裂球"工艺免钻磨、压裂球可溶、生产通道大的优势，测试天然气日产量 $19.51\times10^4m^3$，使该井成为长宁 H3 平台已测试井中测试产量最高井。

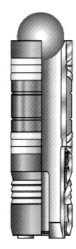

图 7-1　Baker 公司 SHADOW 桥塞　　　图 7-2　Tryton 公司 MAXFRAC 桥塞

Weatherford 公司的 High-Flowback 压裂桥塞(图 7-3)目前只有 4 1/2″一种规格。与常规压裂桥塞相比，提高了 91%过流能力，作业后无须立刻钻除。Schlumberger 公司于 2015 年新推出了的 Big Bore Plug 压裂桥塞(图 7-4)，目前只有 5 1/2″一种规格，该桥塞采用整体式胶筒配合组合防突机构及内部支撑环保证良好的密封能力，分瓣式卡瓦易坐封且具有一定的可钻性，尚未进行现场应用。

综上所述，国外 Baker、Tryton、Weatherford 等公司相继开发了大通径桥塞分段压裂工具，并进行了推广应用。采用大通径桥塞进行分段压裂，实现了坐挂、封隔、丢手、射孔一体化作业。该新型工具具有桥塞通径大、作业后无须立即钻除、有利于及时返排、实现测试投产，且憋压球可溶解等技术优势，可有效提高单井施工效率，大幅降低施工成本，解决了页岩气水平井桥塞分段压裂作业限制，在国外已经取得较大进展，且市场化运作经验较成熟，技术推广力度较大，在该领域取得了一定的市场先机和技术优势。

图 7-3 Weatherford 公司 High-Flowback 压裂桥塞　　图 7-4 Schlumberger 公司 Big Bore Plug 压裂桥塞

2014 年，中国石化石油工程技术研究院开始开展大通径桥塞的研制工作，研发了内径达 70mm 的 5 1/2″大通径桥塞[6]，如图 7-5 所示，室内试验验证密封能力达 70MPa，目前已经现场应用 3 口井，最高施工压力 58.2MPa；此外，杰瑞能源服务有限公司也实现了大通径桥塞国产化，并完成两口井现场应用。

图 7-5 中国石化石油工程技术研究院大通径桥塞

7.1.2 大通径桥塞现场施工工艺

1. 施工步骤

大通径桥塞现场施工步骤如下：

(1) 对井口闸门按试油规程要求试压合格。

(2) 作业队进行通井和洗井，保证井筒通畅，并在坐封位置反复刮管，通井深度应深于桥塞坐封深度 20m，通井后灌满压井液。

(3) 安装压裂井口装置，并分别试压合格。

(4) 地面按要求安装电缆防喷装置等电缆密封设备。

(5) 组装控制头和防喷管，做好电缆头，连接加重杆、磁性定位器和通井规后，按照射孔后预计最高井口压力的 1.2 倍对井口装置试压，并要求试压合格。

(6) 按规定组装桥塞坐封工具。

(7) 组装射孔枪严格按 WCP-SOP 规定执行。

(8) 连接多次点火电子开关，连接各段射孔枪和桥塞工具。

(9) 射孔枪串连接电缆，提入防喷管内，连接桥塞。

(10) 连接井口电缆防喷装置，根据井口压力给防喷管加备压后打开井口，入井管串下井。

(11) 根据泵送施工要求，将入井管串送达预定深度。

(12) 入井管串深度定位后，完成桥塞坐封和分簇射孔。

(13) 起出射孔枪串，检查射孔枪发射情况。电缆上起过程中要根据井口压力变化随时调节注脂压力，保证井口压力可控。

(14) 根据压裂设计完成该层段的压裂作业。

(15) 根据施工设计要求，组装连接桥塞工具和射孔枪。

(16) 后续层段按射孔设计的步骤，完成每层的桥塞坐封、射孔和压裂作业。

2. 施工要求

大通径桥塞现场施工要求如下：

(1) 装配射孔器材和桥塞时应严格执行有关操作规程，严防地面爆炸。

(2) 射孔枪及射孔弹需放置在专门器材车中，并挂牌上锁，必须有专人看护，器材车停靠到装枪区域入口处。

(3) 设置专门装枪区域，装枪区域远离压裂设备。在装枪区域设置安全警戒带，靠井场出口方向预留出入口。

(4) 在出入口旁放置警示牌，警示牌面向井场入口。

(5) 督促检查所有操作人员关闭手机，与火种一并交出，统一装入专用箱。

(6) 装枪区域内进行清场，并有专人负责警戒，严禁无关人员靠近。

(7) 每层压裂结束后，派人参加施工会，了解压裂压力、关井压力，与下趟泵送射孔的压裂车指挥员进行技术交底。

7.1.3 大通径桥塞现场应用案例

中石化于 2015 年底在某井进行了大通径桥塞现场应用，该井是一口定向井，完井井深 4114m，人工井底 4099m，5 1/2″套管完井，套管壁厚 9.17mm。压裂管柱如图 7-6 所示，在 4061.4m 处先进行 4 簇射孔，进行第一段压裂；然后下入桥塞-射孔联作工具，在 4030m 处坐封桥塞，上提管柱，进行簇射孔，进行第二段压裂；重复上述操作，进行第三段压裂。

桥塞-射孔联作工具管串依次为大通径桥塞+电缆坐封工具+选发点火头+89 射孔枪+选发点火头+CCL+电缆保护套+打捞头+8mm 电缆。

施工流程如下：①装枪完成第一段电缆射孔，试压后开始第一段压裂，加砂 41.88m³，最大砂比 23%，最高施工压力 52.1MPa；②第二段装枪、下电缆、桥塞坐封、射孔、起枪，投入 Φ90mm 憋压球，开始第二段压裂，加砂 40.15m³，最大砂比 30%，最高施工压力 53.3MPa；③第三段重复第二段流程，加砂 26.28m³，最大砂比 30%，最高施工压力 58.2MPa，停泵压力 36.58MPa。

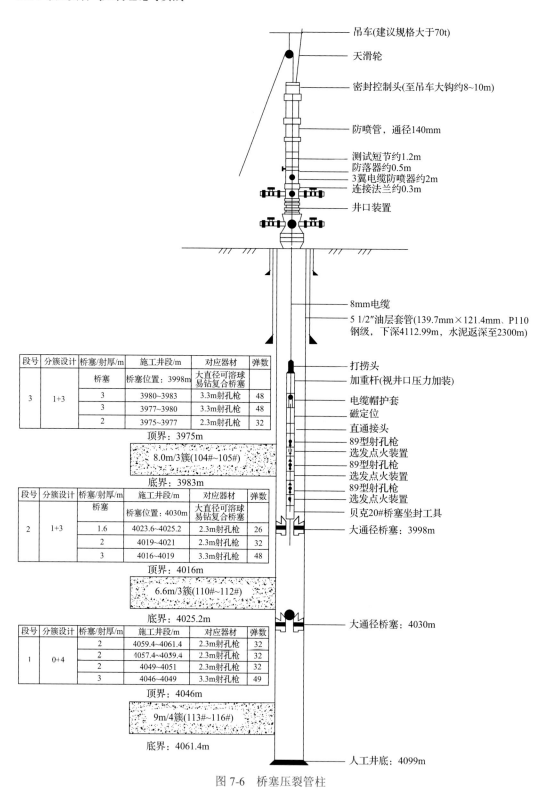

图 7-6　桥塞压裂管柱

大通径桥塞射孔联作施工顺利，工具承受最高 58.2MPa 的施工压力，验证大通径桥塞射孔联作工具与工艺的适用性和可靠性。憋压球在含 1%氯化钾的返排液中溶解，桥塞未钻塞直接投产，压裂后稳定日产油 5.5m³/d。

7.2 可溶桥塞分段压裂工具

7.2.1 技术现状

目前，可溶解桥塞分段压裂技术已经开始用于页岩气分段完井中，其中国外油服公司主要有 Schlumberger 公司的 Infinity 射孔压裂系统(图 7-7)、Halliburton 公司的 Illusion 压裂桥塞(图 7-8)、Baker Hughes 公司的 SPECTRE 全溶解压裂桥塞。其中，最具代表性的是 Schlumberger 公司的 Infinity 射孔压裂系统及 Halliburton 公司的 Illusion 压裂桥塞。

图 7-7　Schlumberger 公司的 Infinity 射孔压裂系统　　图 7-8　Halliburton 公司的 Illusion 压裂桥塞

结合可降解材料，Schlumberger 公司进一步研发了一种 Infinity 可溶解桥塞射孔连作系统。该系统采用全部可降解的憋压球和分体式球座代替桥塞进行射孔，实现全井眼射孔联作作业，无须干预，施工结束后无须钻除。

该系统的工艺原理为：将定位内套预置在套管内，完成管柱的下入，采用连续油管或电缆配合坐封工具将球座送至目的层定位内套上端 5m 左右，进行液压或点火坐封，球座为分瓣式结构共有 4 瓣，对称为两组，各分瓣球座之间有导向肋，球座中间有传压杆，下部有底座，初始状态下，两组分瓣球座保持一定距离，整体外径较小，坐封过程中两两分瓣球座沿配合导向肋爬行，最终 4 瓣球座组合为一个整体，继续下放管串至预置内套处，将球座坐在内套上，上提送入管串完成射孔作业后起出管串，投入可降解憋压球进行压裂施工作业，完成施工后球座与憋压球逐步降解，实现井筒的全通径，之后进行求产。

该系统设计简单，减少施工风险并提高施工效率，工作部件可完全溶解。目前 Infinity 系统已现场应用 22 井次，压裂段数超过 250 段，各压裂施工进展顺利，井筒最高温度为 160℃，水平段最长达到 2438.4m。

Halliburton 公司的 Illusion 压裂桥塞如图 7-8 所示，目前有 5 1/2″规格，该压裂桥塞与常规易钻桥塞结构类似，在不需预置定位短节或上一级压裂作业留于井中的其他设备的情况下，它便可坐封在井筒中的任意位置，从而优化射孔的位置，提高压裂的效果。与常规桥塞不同的是：Illusion 压裂桥塞除卡瓦所镶嵌的陶瓷外可以完全溶解，留下全通径的井筒用于生产。压裂后不需要任何干预措施去清洗井筒，因而在降低风险的同时又能快速生产。Illusion 压裂桥塞主体采用可溶解镁合金材料，胶筒为可溶解橡胶材料，卡瓦镶嵌陶瓷牙齿，压后不影响后期施工。

7.2.2 可溶桥塞整体方案及关键部件结构设计

可溶桥塞主要由本体、上下锚定机构、密封组件、辅助推送及导向机构五大部分组成(图 7-9)。其中本体包括球座、转换连接及丢手机构，主要用于连接桥塞与专用坐封工具，保障桥塞坐封后可以通过剪切销钉实现坐封工具与桥塞丢手，释放桥塞，球座在压裂过程中与可溶憋压球配合。上下锚定机构包括上部单向卡瓦及上锥体、下部单向卡瓦及下锥体、箍簧及卡瓦座、卡瓦及锥体定位销钉，主要功能是将桥塞锚定在预定的套管内壁上，为桥塞定位提供足够的轴向锚定力，同时为胶筒提供内部自锁，为桥塞密封提供保障。密封组件由上中下三个胶筒、四级肩部保护机构(下胶筒座、两级固定式保护碗、活动式保护块)组成，主要功能是在外力的挤压下胶筒产生变形封隔套管环空，固定式和活动式肩部保护机构通过外力挤压产生径向变形，为胶筒提供肩部保护作用，借此提高胶筒的密封性能，实现桥塞的高压措施能力。辅助推送及导向机构主要由单向承流皮碗、下接头组成，单向承流皮碗为井筒内液力推送提供一个单向密封的活塞，下接头为桥塞提供导向作用。

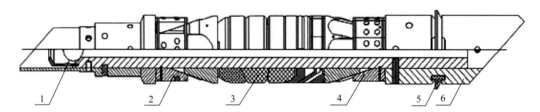

图 7-9　可溶桥塞结构示意图

1-本体；2-上锚定机构；3-密封组件；4-下锚定机构；5-辅助推进机构；6-导向机构

7.2.3 可溶桥塞配套合金材料研制

结合可溶桥塞的应用要求，在可溶金属材料 M-A-Z 系的基础上，通过添加颗粒相 SC 与 BC，并同时添加微量 T 与 B，制备成复合材料[7]，其性能如表 7-1 所示。材料的最大抗压缩强度达到 463MPa，而屈服强度达到 396MPa，在 93℃条件下浓度为 3%的 KCl 溶液中腐蚀速率低于 30mg/$(h \cdot cm^2)$，但超过了 10mg/$(h \cdot cm^2)$，符合桥塞用材料的溶解设计要求。

表 7-1　不同颗粒相对材料性能的影响

合金编号	抗压缩强度/MPa	屈服强度/MPa	压缩率/%	腐蚀速率/[mg/$(h \cdot cm^2)$]
Alloy 6	428	343	4.4	40
T-1	451	378	2.9	21
T-2	463	396	3.1	17

7.2.4　可溶桥塞性能测试

为验证桥塞性能指标的可靠性及现场应用的安全性，对桥塞各个单元进行模拟试验验证，根据桥塞的现场应用及压裂施工要求，经过分析认为需进行如下试验。

1. 卡瓦悬挂能力测试

设计卡瓦悬挂能力测试装置，组装陶瓷颗粒卡瓦，如图 7-10 和图 7-11 所示。采用液压打压将试验装置坐封，坐封载荷为 10t，稳压 5min 后卸载，之后环空加载测试卡瓦的悬挂能力，卡瓦最高悬挂载荷为 108t，拆卸试验装置后观察装置内部，发现卡瓦咬痕清晰，且分布均匀，如图 7-12 所示，桥塞承压达到 90MPa。

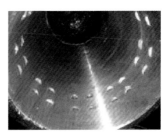

图 7-10　陶瓷颗粒卡瓦　　　　图 7-11　组装后的卡瓦　　　　图 7-12　悬挂后的试验套管

2. 可溶胶筒封压及溶解性能测试

研制了高温油浴加热装置用于测试胶筒承压性能，可溶胶筒承压试验装置如图 7-13

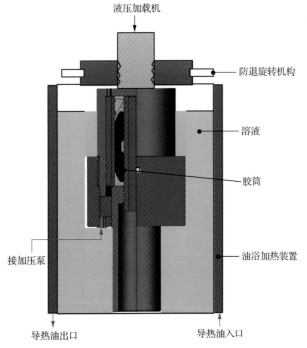

图 7-13　可溶胶筒承压试验装置

所示。将胶筒置于油浴加热装置中，溶液为高温导热油，加热至 150℃，并通过液压加载机施加轴向加载力 12t，待载荷稳定之后，测量载荷坐封距离，连接加压泵，最高打压至 70MPa，可溶胶筒常温下和高温下均可承受压差达 70MPa，稳压 2h，无压降，证明可溶胶筒可承压差达到 70MPa。

同时对可溶胶筒在 90℃、浓度为 2%的 KCl 溶液中进行溶解测试，经过 230h 后，溶解为颗粒状，如图 7-14 所示，表明研制的可溶胶筒溶解性能达到设计要求(≤15 天)。

图 7-14　胶筒原貌及溶解物

3. 桥塞整机封压及溶解性能测试

组装可溶桥塞整机，根据剪钉测试值及桥塞设计要求，安装坐封剪钉，将桥塞整机与电缆坐封装置(液压打压)连接，将桥塞插入 114.3mm 套管中，连接打压管线，打压至 17t 桥塞顺利丢手，丢手后，投入憋压球测试桥塞加压至 70MPa 稳压 15min，无压降。

试验装置整体置于 90℃、浓度为 3%的 KCl 溶液中，测试桥塞整体溶解时间。经过 168h 后，桥塞全部溶解，如图 7-15 所示。

(a) 溶解4h　　　　　　　　(b) 溶解72h　　　　　　　　(c) 溶解168h

图 7-15　可溶桥塞溶解性能测试

7.2.5　可溶桥塞现场应用

目前国内外的页岩气开发已逐步开始采用可溶桥塞进行储层大规模压裂改造，该工具的成本及效率优势已逐步凸显，中石油、中石化等各油田已在威远、长宁、涪陵等页岩气井开发中应用该技术。尤其是针对压裂过程中的套变井，可采用小直径可溶桥塞进行压裂，溶解后即可放喷排产，避免因套变导致的钻塞工具无法下入，以及井深原因导致钻塞事故等。

7.3 延时启动趾端滑套

7.3.1 技术现状

国内外的非常规油气储层开发大都采用泵送桥塞进行分段压裂，该工艺在进行水平井趾端首段压裂施工时，一般采用连续油管或爬行器携带电缆射孔枪进行射孔作业，再进行套管内加砂压裂。待首段压裂结束后，井筒内建立了井筒与地层的流通通道，后续层段通过液体泵送将桥塞送至套管内预定位置，再进行其他层段的压裂施工。

通过上述情况可以看出，首段的连续油管输送电缆枪射孔压裂存在两方面的问题：①动用的地面设备较多，施工耗时较长。一般井深 4500m 左右的水平井，该段施工需要 2~3 天，折合费用大概 13 万~17 万元。②随着我国涪陵二期、丁山、长宁-威远等页岩气开发的不断发展，井深已超过 4500m，水平段长超过 1500m，连续油管下入能力受到制约，难以将射孔枪输送至预定位置，导致施工风险和难度大大增加。因此，国内外诸多服务公司，通过创新施工工艺，通过水平井趾端预置滑套，压裂施工时直接进行管内加压打开滑套进行压裂，如图 7-16 所示，大大缩短了首段压裂费用。

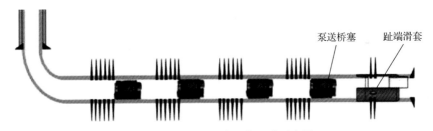

图 7-16　水平井趾端滑套压裂示意图

此外，根据现场施工作业要求，在打开对目标地层的流通通道之前必须对全井筒套管进行压力完整性测试，以保证后续作业的顺利实施，但常规的趾端滑套满足不了这一要求(因为一旦进行压力测试，趾端滑套便在压力作用下开启)，因此需开发一种具备延时打开功能的趾端滑套。目前国外 Schlumberger、Halliburton 和 Baker Hughes 等公司以及国内各公司相继推出了不同类型的延时启动趾端滑套，并且在国内外非常规油气储层的压裂开发中都得到了成功应用，但其费用昂贵，且国内对该工具的研发仍处于试验阶段。

7.3.2 结构和工艺原理

延时启动趾端滑套是一种通过液压操控的压裂滑套，用于在打开对目标地层的流动通道之前进行套管压力完整性测试。延时趾端滑套主要由上接头、下接头、本体、内套、压力控制装置(爆破阀)、延时控制系统(延时阀)和内活塞等部件组成,如图 7-17 所示。其中延时控制系统主要部件是延时阀,该阀将活塞腔分为液体腔和真空腔两部分。其工作原理是:当工作压力超过延时控制系统的剪切限定值时,爆破阀开启,压力推动内活塞移动,激活工具内的延时控制系统,内活塞将液体腔内的液压油缓慢挤入真空腔,通过延时阀控制液压油的流速。待试压时间达到 30min 或其他标准试压时间,内活塞移动到位,滑套完全开启,建立了井筒与地层的流通通道[8]。

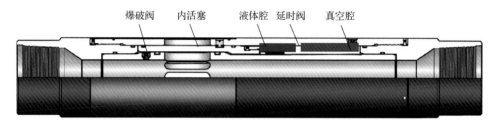

图 7-17　延时启动趾端滑套结构示意图

水平井延时启动趾端滑套压裂施工的主要流程是:首先根据测井解释确定产层位置后,将延时趾端滑套与套管一起连接入井,并下到预定位置,然后实施常规固井完井或者裸眼完井(裸眼完井需要在各压裂层段直接连接裸眼封隔器),在压裂施工前进行套管试压,试压结束后,延时趾端滑套打开,进行该层段压裂。待该层段压裂结束后,再采用其他工艺,如泵送桥塞、连续油管带底封拖动压裂等进行其他层段压裂施工。

7.3.3　关键技术

1. 启动压力控制系统

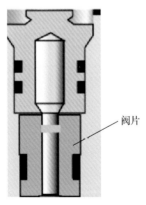

图 7-18　爆破阀示意图

延时启动趾端滑套需具备精准的启动压力控制技术。如果启动压力过高,现场试压结束后滑套不能正常开启;如果启动压力过低,在管柱下入及固井替浆过程中滑套可能提前打开。经过研究,滑套启动压力的误差需控制在设计值的3%以内。

滑套的打开机构主要由爆破阀单元和活塞单元组成。其中爆破阀是启动滑套的关键部件,如图 7-18 所示,当压力达到爆破阀调定压力时,阀片破裂,压力传导到活塞上,活塞在液压力的作用下按照设定速度移动,直至滑套完全开启。因此,爆破阀的启动力稳定关系到延时滑套能否在设定压力下顺利打开。爆破阀的启动力的影响因素主要包括阀片材质、阀弱点处面积、加工工艺及破裂方式等。

为减少环空压力对滑套启动压力的影响,趾端延时滑套的启动压力设计为滑套所在位置的井底静液柱压力加上爆破阀的破裂压力,计算表达式为

$$P_{\mathrm{v}} = P_{\mathrm{s}} + P_{\mathrm{h}} \tag{7-1}$$

式中，P_v 为延时滑套实际启动压力，MPa；P_s 为爆破阀破裂压力，MPa；P_h 为滑套所在位置的静液柱压力，MPa。

因此，现场施工时，滑套的开启压力是根据地层破裂压力、井深、水泥浆密度、固井时的循环压力以及压裂前井内液体的密度等多个因素决定的。

2. 延时控制系统

延时控制系统主要由活塞、液体腔、延时阀和真空腔组成，通过设计液体腔和真空腔，利用活塞将两腔之间液体单向定量流动，实现延时。该系统的一个关键部件是环空隔离装置，其作用是避免环空与液体腔、真空腔导通，减小环空压力对滑套启动压力的影响，提高滑套打开的成功率，降低施工风险[8,9]。

延时阀是延时控制系统的核心部件，其性能直接影响着滑套的可靠性，其原理示意图如图 7-19 所示。通过调整阀体开度，调节流体流动速度、压力，精准控制延时时间，可实现延时 15～40min。其中阀芯及密封组件需满足耐高温(150℃)和高压(100MPa)要求。延时阀通过控制液体腔内液体排出速度来控制滑套打开时间，以起到延迟打开的功能。因此，延时阀的控制滑套打开时间即液体腔内液体排出时间，计算表达式为

$$t_c = \frac{V_v}{A_s} \tag{7-2}$$

式中，t_c 为套管试压时间，min；V_v 为延时滑套内套打开时排出液体腔内液体的体积，cm^3；A_s 为延时阀流量参数，cm^3/min。

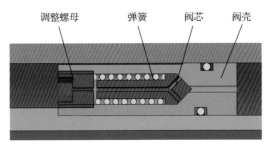

图 7-19　延时阀结构示意图

7.3.4　技术参数

延时趾端滑套主要技术参数见表 7-2。

表 7-2　延时趾端滑套主要技术参数

技术参数	参数值	技术参数	参数值	技术参数	参数值
规格	5 1/2″(139.7mm)	长度/mm	1720	抗外挤能力/MPa	112
最大外径/mm	200	打开压力/MPa	70	抗内压能力/MPa	125
最小内径/mm	114	延时时间/min	30	抗拉强度/t	209

7.3.5 关键施工工艺

由于延时趾端滑套结构和原理的特殊性,在现场施工过程中,为保证施工成功率,必须制订详尽、可靠的现场施工工艺措施。

1. 通井作业要求

下套管前应用原钻具下钻通井,分段循环通井,必要时增加扶正器,在全角变化率大的井段反复大幅度活动钻具,彻底清除岩屑床,保证井眼畅通无阻,调整好钻井液性能,起钻时应在大斜度井段注入润滑剂。

2. 固井施工作业要求

固井时需要精确计量替浆量,进行泥浆罐、流量计、泵冲三种方式计量,三种计量尽可能一致,胶塞过滑套时需要提前 $3m^3$ 降排量,排量降至 $1m^3$,确保胶塞安全通过滑套及完成碰压。进行替浆作业时,建议水泥浆替至延时滑套以上,以确保滑套能够顺利打开。

3. 压裂施工工艺措施

延时启动趾端滑套多应用在固井条件下的分段压裂工艺。与裸眼分段压裂工艺不同,延时滑套在固井条件下使用时主要存在两个安全隐患,即滑套打不开或压不开地层。滑套打不开的主要原因是固井过程中水泥浆固体颗粒残留在滑套内部间隙内,增大了滑套内套摩擦力,从而增加了滑套打不开的风险。压不开地层的主要原因是滑套外面水泥环的存在。常规射孔时,射孔枪射穿了水泥环,并在地层上建立了引导缝,利于压开地层。而对趾端滑套而言,压裂时需提高施工压力以便压开水泥环和地层,因此,经常出现施工压力过高的现象。

为解决滑套打不开的问题,可在延时滑套的内套内表面上进行特殊涂层材料处理,提高防锈、防腐蚀及防水泥黏接性能。该特殊涂层可以有效防止井内固井杂质及水泥浆在滑套位置残留,大大提高滑套打开的成功率。针对压裂时压不开地层的问题,可从结构和工艺两方面进行优化,提高压裂施工成功率。首先,可在滑套孔眼位置设计安装扶正肋,并在扶正肋和滑套孔眼内填充硬质润滑脂防止污物进入滑套内,该扶正肋不仅可以对滑套起到扶正作用,还可以有效减少环空水泥环厚度50%,降低水泥环对地层破裂压力的影响。

在压裂施工过程中如果判断滑套已打开,但压不开地层,即压裂施工压力较高,地层有一定的进液量,此时可以低排量进行替酸作业(施工时以管内限压为准,尽量提高替酸排量),替酸后再次进行试挤,压开地层后进行压裂施工作业。

7.3.6 应用案例

延时启动趾端滑套在北美 Barnett 地区、我国长庆油田和中石化涪陵等地区进行了现场应用。其中 Halliburton 公司的延时启动趾端滑套在长庆油田的一口水平井中得到应用,并在设定压力下顺利打开，单口井节省成本 30 万元。

中石化于 2015 年在 XY-HF3 井首次应用延时启动趾端滑套(图 7-20)。该井完钻井深 5300m，垂深 2939.05m，水平段长 1835m，完钻层位为龙马溪组。油层套管为 5 1/2″，壁厚 12.34mm，水平段前半部分采用预置全通径滑套进行分段压裂，后半部分采用泵送桥塞射孔压裂。延时滑套及全通径滑套全部由 NCS 公司提供。延时滑套在设定压力下延时 30min 后打开，顺利完成该层段的压裂施工。

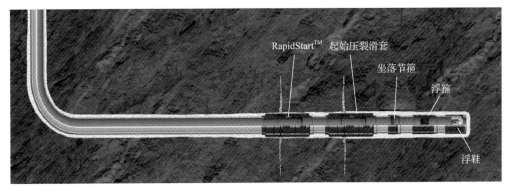

图 7-20　延时趾端滑套应用示意图

参 考 文 献

[1] 路保平. 中国石化页岩气工程技术进步及展望[J]. 石油钻探技术, 2013, 5(41): 1-8.

[2] 陈作, 王振铎, 曾华国. 水平井分段压裂工艺技术现状与展望[J]. 天然气工业, 2007, 27(9): 1-3.

[3] 贾长贵, 路保平, 蒋廷学, 等. DY2HF 深层页岩气水平井分段压裂技术[J]. 石油钻探技术, 2014, 42(2): 85-90.

[4] 莫里斯·杜索尔特, 约翰·麦克力兰, 蒋恕. 大规模多级水力压裂技术在页岩油气藏开发中的应用[J]. 石油钻探技术, 2011, 39(3): 6-16.

[5] 魏辽, 马兰荣, 朱敏涛, 等. 大通径桥塞压裂用可溶解球研制及性能评价[J]. 石油钻探技术, 2016, 1(44): 90-94.

[6] 魏辽, 秦金立, 朱玉杰, 等. 套管水平井全通径分段压裂工具新进展[J]. 断块油气田, 2016, 23(2): 248-251.

[7] 魏辽, 肖代红, 朱敏涛, 等. 高强快速分解 Mg-xAl 合金的组织与性能[J]. 材料热处理学报, 2015, 3(36): 101-104.

[8] 杨同玉, 魏辽, 冯丽莹, 等. 水平井趾端压裂关键工具设计与试验[J]. 石油钻探技术, 2019, 46(4): 54-58.

[9] 朱玉杰, 刘晓平, 魏辽. 水平井延时启动趾端滑套关键技术研究[J]. 钻采工艺, 2019, 42(3): 80-83.

第8章 常压页岩气降本增效潜力分析及体积压裂技术

对于常压页岩气,目前存在两个焦点问题:首先,由于常压页岩气的含气性普遍偏差,导致压后效果一般相对较差,因此,常压页岩气是否还有增产的潜力;其次,在目前产量难以大幅度提高的前提下,能否通过降低压裂成本实现常压页岩气的商业开发。下面将围绕上述两个问题进行详细阐述。

8.1 常压页岩气压裂地质模型建立

常压页岩气压裂产量预测的地质模型主要包括基质孔隙的压力、渗透率、饱和度、有效厚度、气体黏度、水平层理缝及高角度天然裂缝发育情况等的纵横向展布。

简单的地质建模就是上述参数的均质化模型,相当于等效的地质模型,但与实际地质情况的差异可能相对较大,因此,预测的压后产量与实际效果也可能有较大的出入。为此,应当利用各种资料,建立精细地质模型,才能最大限度地提高压后产量预测的精度。如借助商业地质建模软件(如 Petrel),需要用到地震资料、测井资料及取心井的井点测试数据。

考虑到压裂大多以单井为对象,因此,有时只需要建立单井的地质模型即可。对裂缝模型而言,可采用"等效导流能力"的方法设置不同的裂缝。所谓"等效导流能力",就是指为减少模拟计算的工作量,将裂缝长度保持不变,裂缝宽度放大一定的倍数后,按比例缩小裂缝内支撑剂的渗透率,使二者的乘积,即裂缝导流能力保持不变。实践已经证明,上述"等效导流能力"的设置方法,在不降低压后产量预测精度的前提下,可大幅度降低计算网格的数量及模拟工作量,也可在很大程度上降低代数方程组的病态,利于数值计算的收敛性及稳定性[1-3]。

上述"等效导流能力"模拟水力支撑裂缝的方法,不仅适用于主裂缝,还适用于复杂裂缝系统中的支裂缝及微裂缝。只不过裂缝宽度的放大值不同,如主裂缝最大宽度可放大到 0.1~0.5m,支裂缝可放大到 0.05~0.2m,微裂缝可放大到 0.02~0.1m,而长度等则维持不变。

8.2 常压页岩气压裂增产增效潜力分析

8.2.1 常压页岩气的增产潜力分析

常压页岩气是否有压裂增产潜力是大家非常关心的问题。鉴于目标页岩气井层的地质参数已不可改变,唯一可变的就是裂缝参数,如缝长、导流能力、缝间距及裂缝复杂性指数等。值得指出的是,上述缝长及导流能力一般指的是主裂缝、支裂缝及微裂缝这三级裂缝的缝长及导流能力,而不仅仅指主裂缝。

以某口典型的常压页岩气井地质参数为依据,按正交设计方法模拟不同裂缝参数条件下的产量动态,参数如表 8-1 所示,模拟结果如图 8-1 所示。

表 8-1 某口典型的常压页岩气井地质参数

参数	数值	参数	数值
气藏面积/km²	3.35	水平段长/m	1500
网格数量	最大 1211×119×6	缝间距/m	5～25
有效厚度/m	36	单一裂缝半长/m	300
平均渗透率/mD	0.00003	裂缝导流能力/(D·cm)	5
平均孔隙度/%	4.95	模拟注入量/m³	30000
含气饱和度	0.35、0.65、0.9	压裂液黏度/(mPa·s)	4
压力系数	1(常压)、1.5(高压)	破胶液黏度/(mPa·s)	0.5

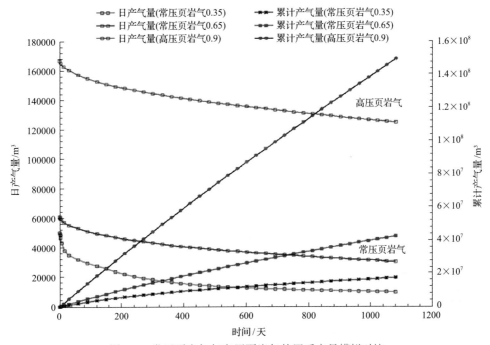

图 8-1 常压页岩气与高压页岩气的压后产量模拟对比

由模拟结果可知,高压页岩气压后产量是常压页岩气压后产量的 3.6～8.3 倍,这主要是由于常压页岩气的含气性有较大幅度的降低所致。这与涪陵主体区高压页岩气及边部白马、白涛等常压区块的压后实际产量对比情况非常吻合。

在常压页岩气含气性大幅度降低的前提下,常压页岩气压裂增产还有无潜力可挖?通过适当提高裂缝的密度(即簇间距适当降低)及单缝的复杂性等条件下,压后产量还有多少的提升空间?为此,进行了相关的数值模拟分析。

不同簇间距条件下的压后产量模拟对比情况如图 8-2 所示。

由图 8-2 可见,在簇间距由目前的 20～25m 降低到 10m 时,压后初产可提高 50%左右,压后 3 年的累计产量可增加 70%以上,增产潜力巨大。如参照国外的标准,将簇间距进一步降低到 5m,则与 10m 簇间距相比,压后初产及 3 年累计产量的增加幅度将进一步增大。换言之,常压页岩气 5～10m 簇间距的压后产量,与高压页岩气 20～25m 簇间距的压后产量几乎相当。

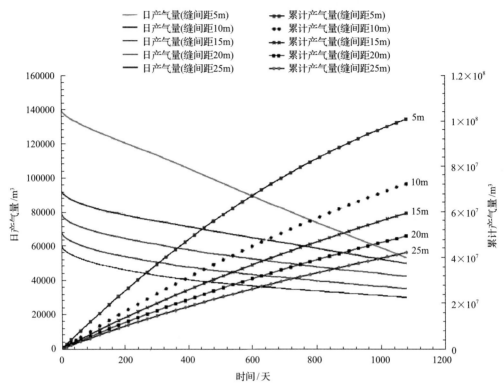

图 8-2 常压页岩气不同簇间距条件下的压后产量模拟结果对比

此外，设置不同裂缝复杂性的示意图如图 8-3 所示。在此基础上模拟不同裂缝复杂性对压后产量的影响，模拟结果如图 8-4 所示。

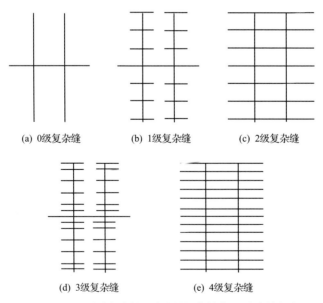

图 8-3 不同裂缝复杂性示意图(级数越大，裂缝越复杂)

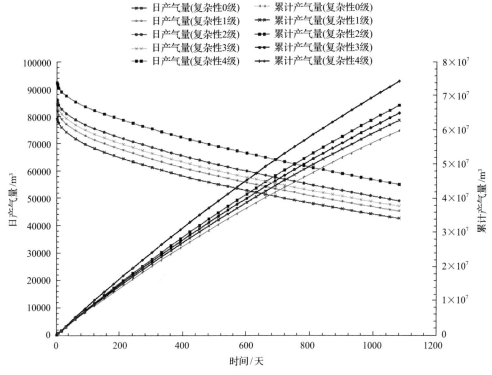

图 8-4 常压页岩气不同裂缝复杂性程度下的压后产量模拟结果对比

由以上模拟结果可知：①按影响大小排序，含气性、缝间距、裂缝复杂性是三个主控因素。其中，含气性是不可改变的地质因素，而缝间距及裂缝复杂性是可控参数，可以通过压裂设计进行优化及控制。且缝间距及裂缝复杂性是相互关联的，缝间距越小，相应的缝间诱导应力干扰效应越大，进而裂缝的复杂性程度也越大。此外，在缝间距降低的前提下，裂缝复杂性影响程度降低。但在目前缝间距较大的情况下，裂缝的复杂性程度仍很重要。②对比少缝长缝与多缝短缝的情况，在多缝情况下，适当缩小缝长，对产量影响不大。这主要针对少段多簇压裂而言，为了在多簇裂缝同时起裂与接近均匀延伸的前提下，适当缩小施工中后期的低效造缝时间，对缝长的影响程度不大，但液体可节省 20%左右。③所有模拟是以常压页岩气目的层有效厚度全部压开为前提条件的，但考虑到常压页岩气最小主应力梯度更大，导致上覆应力与最小水平应力差更小的实际情况，水平层理缝更易张开和延伸，因此，缝高会受到很大的限制，如垂向缝高只压开了一部分，则压后效果会按压开程度呈比例地降低。

8.2.2 常压页岩气压裂增效途径分析

既然从理论上而言，常压页岩气的增产潜力十分巨大。为了确保这种潜力的实现，有哪些途径可以达到这种目标？与高压页岩气相比，常压页岩气应着重考虑以下特殊性要求：①要求单位岩石体积内裂缝改造体积大，导流能力高。这是由常压页岩气的生产压差降低、含气性变差、吸附气比例大等地质因素共同要求的。②要求大幅度提高垂向缝高和不同尺度裂缝的缝宽。由于最小水平主应力梯度高，与垂向应力接近、脆性好，断裂韧性小(缝长延伸快)。③各种裂隙原始尺度小,需要更低黏度(易于沟通)、更低摩阻(易于延伸)降阻水造缝和有效延伸裂缝。④支裂缝及微裂缝的饱和充填,且不同尺度裂缝系统间有效连通,是降低产量递减至关重要的因素。

不同胶液占比条件下的多尺度造缝情况如表 8-2 和表 8-3 所示,可知胶液比例越大,小尺度裂缝占比越小,反之则越大。对常压页岩气压裂而言,应当组合应用降阻水及胶液体系,甚至可采用变黏度降阻水及变黏度胶液体系,还可采取不同黏度的压裂液交替注入模式,以产生裂缝复杂性大面积分布的多尺度裂缝系统。

表 8-2　不同胶液占比下的最大缝宽变化

最大裂缝尺寸/mm	不同胶液占比对应的最大缝宽比例/%						
	胶液 0%	胶液 10%	胶液 20%	胶液 30%	胶液 40%	胶液 50%	胶液 60%	胶液 70%
0.636~1.272	1.8	1.6	1.4	1.3	1.0	0.8	0.6	0.3
1.272~1.800	85.1	76.0	57.1	34.5	30.8	25.1	29.0	30.4
1.800~3.600	13.1	22.4	41.5	64.2	64.8	69.1	58.2	43.3
3.600~5.100	—	—	—	—	3.4	5.0	12.2	26.0

表 8-3　不同胶液占比下的平均缝宽变化

平均裂缝尺寸/mm	不同胶液占比对应的平均缝宽比例/%						
	胶液 0%	胶液 10%	胶液 20%	胶液 30%	胶液 40%	胶液 50%	胶液 60%	胶液 70%
0.636~1.272	6.6	5.7	5.2	4.6	3.5	2.8	2.0	1.2
1.272~1.800	93.4	94.3	92.4	91.3	91.0	90.2	86.5	84.6
1.800~3.600	—	—	2.4	4.1	5.5	7.0	11.5	14.2

8.3　常压页岩气的降本技术

在目前产量及稳产期不能大幅度提高的前提下,常压页岩气的压裂降本技术是经济有效开发的唯一必然选择。

降本的技术途径主要包括射孔参数优化、裂缝参数优化、注入参数优化、压裂液配方优化、支撑剂类型优选(包括石英砂支撑剂替代或部分替代陶粒支撑剂的方案)及山地井工厂多井拉链式压裂等。

8.3.1　射孔参数优化

螺旋射孔和平面射孔是两种主要的射孔方式,两者在裂缝起裂及延伸机理方面存在差异,一般采用平面射孔方式[4]的降本效果显著,主要原因如下:

(1)平面射孔的破裂压力可大幅度降低。室内大尺寸岩心的破裂压力实验结果可比常规的螺旋式射孔方式降低 30%~50%。因为平面射孔的所有孔眼进液都在一个主裂缝中,而螺旋式射孔各孔眼都独自起裂与延伸裂缝。因此,压裂井口抗压级别及成本都可相应降低。

实际射孔时,围绕平面圆心位置,交错分布射孔弹,可以实现如图 8-5 所示的平面射孔。

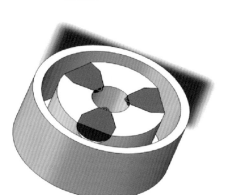

图 8-5 平面射孔模型结构图

为模拟平面射孔对套管强度的影响，模拟的输入参数见表 8-4，通过 Mises 应力云图模拟，结果见图 8-6。

表 8-4 平面射孔对套管强度影响的模拟输入参数

射孔方式	屈服半径范围/mm		射孔范围平均 Mises 应力/MPa	
	螺旋射孔	平面射孔	螺旋射孔	平面射孔
3	—	10.09	412	489
10	9.89	7.72	657	737
15	8.22	7.32	747	929

平均Mises应力412MPa　　平均Mises应力657MPa　　平均Mises应力747MPa

(a) 螺旋射孔Mises应力云图

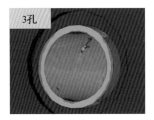
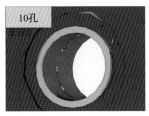
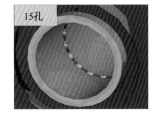

平均Mises应力489MPa　　平均Mises应力737MPa　　平均Mises应力929MPa

(b) 平面射孔Mises应力云图

| 4.48898 | 169.425 | 334.361 | 499.297 | 664.233 | 829.169 | 994.106 | 1159.04 | 1323.98 | 1488.91 |

Mises应力/MPa

图 8-6 平面射孔与螺旋射孔的 Mises 应力云图对比

考虑压裂对射孔套管的屈服极限，建议孔密在 3～10 孔/周。在平面射孔条件下，模拟了单孔流量下的缝宽、单段裂缝改造体积(SRV)及摩阻的变化，从中优化的单孔流量 0.4～0.6m³/min。模拟结果分别如图 8-7 和图 8-8 所示。

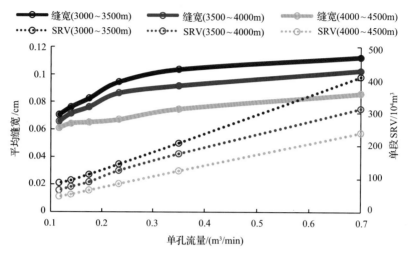

图 8-7　平面射孔方式下的单孔流量对缝宽及单段 SRV 的影响

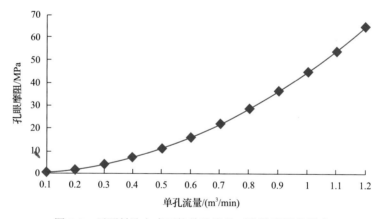

图 8-8　平面射孔方式下的单孔流量对孔眼摩阻的影响

(2) 平面射孔的造缝效率高，一个射孔簇所有的压裂液及支撑剂都进入一条裂缝中，而在螺旋射孔方式下，射孔簇内有多个裂缝起裂与延伸，压裂液及支撑剂在簇内不同的裂缝中都有分布，且相邻裂缝的距离非常小，导致渗流干扰效应增加。换言之，螺旋式射孔的压裂模式，低效施工占比相对较大，这对压裂液及支撑剂而言，有相当一部分被浪费掉。

(3) 平面射孔方式下，裂缝延伸得更为充分，尤其是缝高延伸相对较大，诱导应力也相对较大，在同等施工规模条件下，压后产量相对较高。因此，单位产气的成本有较大幅度的降低。

上述平面射孔技术已在现场获得了成功应用，具体应用情况如表 8-5 所示。

表 8-5 平面射孔技术现场应用情况初步统计结果

日期	油田	井号	射孔位置	电缆参数	层数	试验结果	备注
2016-06-16	延长	磨平 14	2200	5km 单芯	5	成功	5 层共 20 簇
2016-07-20	延长	槐平 20	2730	5km 单芯	10	成功	10 层 40 簇
2016-08-05	延长	黄平 11	3620	4.8km 单芯	5	成功	5 层共 20 簇
2016-08-16	延长	槐平 24	2560	4.8km 单芯	4	成功	4 层共 16 簇
2016-09-20	延长	托平 11	3120	5km 七芯	5	成功	5 层共 20 簇
2016-05-10	延长	七平 3	2226	5km 七芯	5	成功	5 层共 20 簇
2016-05-19	延长	七平 4	2068	4.8km 七芯	5	成功	5 层共 20 簇
2016-09-30	延长	七平 5	2560	5km 七芯	6	成功	6 层共 25 簇
2013-09-03	中原	卫 42-19	3620	4.9km 单芯	2	成功	
2013-10-12	普光	普光 305-1	5550	7km 单芯	2	成功	
2013-11-28	中原	濮 6-147	2272	4.3km 七芯	2	成功	
2013-11-30	中原	胡 2-22	2226	5.2km 七芯	4	成功	
2013-12-04	中原	文 209-59	2068	6km 七芯	3	成功	
2013-12-06	中原	文 201-33	3120	6km 七芯	3	成功	
2014-04-18	中原	濮 6-128	2312	5.2km 七芯	2	成功	
2014-04-19	中原	濮 4-37	2620	5.2km 七芯	2	成功	
2014-04-21	中原	濮新 1-153	2420	4.4km 七芯	2	成功	
2014-04-23	中原	文 213-28	2430	6km 七芯	2	成功	
2014-08-24	大港	试验井	2000	3km 单芯	3	成功	
2014-11-20	南阳	张-19	2830	4.7km 七芯	4	成功	

8.3.2 裂缝参数的优化

裂缝参数的优化应是降本的主要措施。如果裂缝参数优化不合理，尤其是当缝长及导流能力等数据偏大时，将造成施工费用的极大浪费。而在裂缝参数优化中，缝间距的优化至关重要(图 8-9)。

如果缝间距过大，会对压后产量产生极大不利影响；反之，如果缝间距过小，会大幅度增加压裂液量及支撑剂量，且裂缝高度会因段内簇数的增加而相应降低，这也会影响最终的裂缝改造体积。此外，段内簇数增加后，各簇裂缝的非均匀延伸程度加剧，会造成部分簇因进入的压裂液量及支撑剂量太大而引起局部应力大幅度增加的现象，进而可能会导致套管局部变形等不利局面，造成后续各种井下作业费用的大幅度增加。

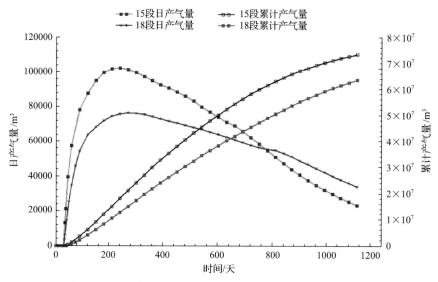

图 8-9　示例井模拟的 15 段 5 簇产量与 18 段 3 簇产量对比

　　值得指出的是，缝长及导流能力的优化，包含主裂缝、支裂缝及微裂缝三级裂缝系统，理论上应该用正交设计方法，最终给出上述三级裂缝系统的缝长及导流能力的最佳值。但考虑到页岩本身的物性参数也不好准确确定，支裂缝及微裂缝出现的位置又极具随机性，且上述三级裂缝系统也不一定相互间都呈垂直关系，因此，一般仍以主裂缝的缝长及导流能力的优化为重点。

　　还需要指出的是，上述所有参数的优化，是以缝高等同于目的层厚度为前提的，但实际上主裂缝高度可能远小于目的层优质页岩的厚度。

　　以川东南地区某山地井工厂为例，阐述裂缝参数(包括水平段长度)的优化过程。模拟分别考虑了 4 井式(图 8-10)和 6 井式(图 8-11)两种井网型式，为减少计算工作量，采取半个井网的 2 井式和 3 井式为计算单元。

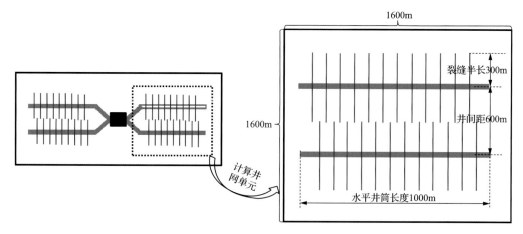

图 8-10　山地井工厂 4 井式井网及裂缝分布示意图

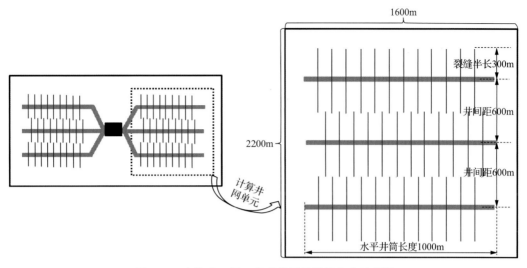

图 8-11 山地井工厂 6 井式井网及裂缝分布示意图

考虑到 4 井式与 6 井式山地井工厂的模拟方法相同，模拟结论相近，为简便起见，下面仅以 4 井式为例进行参数的优化示例。

示例的某山地井工厂模拟基础数据如表 8-6 所示，示例井的气藏模型如图 8-12 所示。

表 8-6 示例的某山地井工厂基础参数

层系		深度/m	厚度/m	含气性/(m³/t)	吸附气/(m³/t)	游离气/(m³/t)	渗透率/mD	孔隙度/%
3 段	3² 段	2326~2337.5	11.5	0.53	0.212	0.318	0.001~1	6
	3¹ 段	2337.5~2352	14.5	0.77	0.308	0.462	0.001~1	6
2 段		2352~2377	25	1.5	0.6	0.9	0.001~0.1	3
1 段		2377~2415	38	4.6	1.84	2.76	0.001~1	5

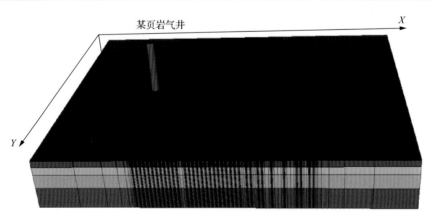

图 8-12 某页岩气水平井多段压裂气藏模型示例

1. 水平段长度的优化

模拟条件：水平段长分别为 500m、1000m、1500m、2000m、2500m。模拟结果

如图 8-13 所示，产气量随着水平段长的增加而增加，但超过 1500m 后增产幅度明显减缓。因此，在目前的经济技术条件下，1500m 水平段长可认为是最优的选择。定压生产条件下，产量在前两年增长较快，之后产气量趋于稳定，在 $1\times10^4 \mathrm{m}^3/\mathrm{d}$ 左右长期稳产。

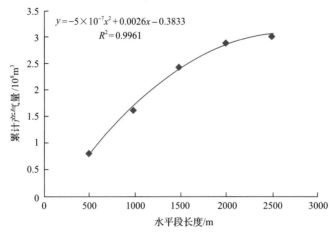

图 8-13　4 井式山地井工厂条件下水平段长优化图版示例

2. 井间距的优化

模拟条件：井组控制面积相等，即井间距分别为 600m、300m、200m、150m、120m 和 50m，对应井数分别为 2、4、6、8、10 和 24 口井。模拟结果如图 8-14 所示。由图 8-14 可知，井距越小改造强度越大，因此产气量越高。

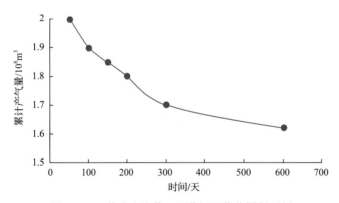

图 8-14　4 井式山地井工厂井间距优化图版示例

3. 裂缝分布模式

模拟条件：布缝模式分别为均一布缝、U 形布缝和 W 形布缝。模拟结果显示（图 8-15），W 形布缝模式产气量最高，均一布缝和 U 形布缝模式产量相当。

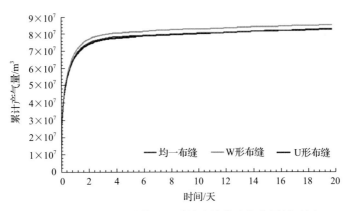

图 8-15　4 井式山地井工厂裂缝布缝模式优化图版示例

4. 缝间距

模拟条件：缝间距分别为 4m、10m、20m、30m 和 40m。模拟结果显示（图 8-16），缝间距越小则改造体积越大，产气量越高，开采所需周期越短。目前的缝间距为 15～20m，尚有进一步缩小的空间，且缝间距缩小的增产潜力很大，但一定要结合成本因素综合权衡合适的缝间距。

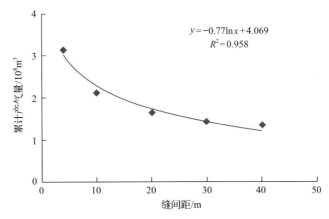

图 8-16　4 井式山地井工厂缝间距优化图版示例（累计生产 20 年）

5. 缝长比

模拟条件：缝长比分别为 0.1、0.3、0.5 和 0.7。模拟结果显示（图 8-17），缝长比越大，产气量越高，但产气量增幅逐渐减缓。

6. 导流能力

模拟条件：导流能力分别为 0.1D·cm、0.5D·cm、1D·cm、2D·cm、5D·cm、8D·cm 和 10D·cm。模拟结果显示（图 8-18），导流能力越大，产气量越高。但当导流能力大于 2D·cm 时，产量增幅不大；导流能力小于 0.5D·cm 时，产量急速递减。

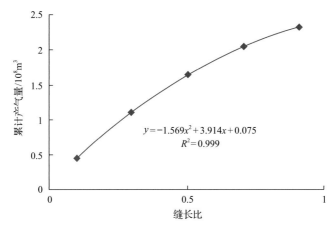

图 8-17　4 井式山地井工厂缝长比优化图版示例（累计生产 20 年）

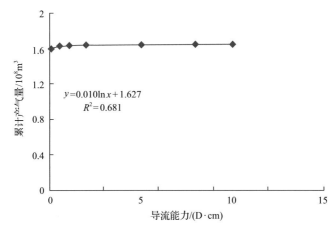

图 8-18　4 井式山地井工厂导流能力优化图版示例（累计生产 20 年）

8.3.3　注入参数的优化

　　注入参数的优化是以裂缝参数的优化为基础的，主要包括排量、液量、支撑剂量及砂液比等参数的优化。与裂缝参数优化的前提条件相同，注入参数的优化，除了要实现裂缝参数优化的结果外，缝高的延伸必须与页岩的厚度相同或相当。而缝高的延伸与裂缝破裂、延伸初期的排量，以及黏度组合的选择息息相关，且与提排量的速度息息相关。一般采用高黏压裂液配合高排量与快提排量等策略，实现缝高的预期延伸。

　　在此基础上，压裂液及支撑剂规模的优化是实现降本的主要手段。主要优化的目标函数应是最大限度地降低低效施工。换言之，根据裂缝三维几何尺寸扩展的速度不同，从施工的时间先后顺序，可基本分为早期的快速扩展、中期的较快扩展和后期的缓慢扩展三个阶段（图 8-19）。

　　由上述模拟结果可见，当注入的压裂液量达到总液量的 20%～30% 时，裂缝的几何尺寸尤其是缝长已达最终缝长的 60%～70%；而把总液量降低 20%～30% 后，损失的裂缝长度在 5% 以下，这对压后效果的影响几乎可忽略不计，但压裂液成本却可降低 20%～30%。

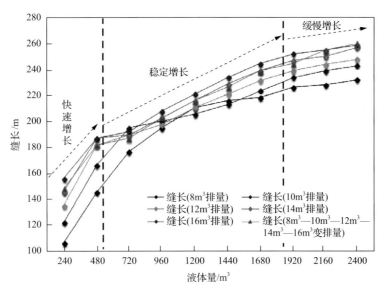

图 8-19 裂缝扩展过程中三个不同阶段的缝长增长动态

对于典型的三个阶段，原因在于早期的裂缝三维几何尺寸相对较小，同样的压裂液量、排量及黏度组合施工条件下，裂缝扩展速度很快。但随着裂缝三维几何尺寸的继续增加，在同样的压裂液量、排量及黏度组合施工条件下，加上裂缝内摩阻的增加，裂缝前端的造缝能量逐渐削弱。

值得指出的是，支撑剂的加入时机对支裂缝的导流能力影响较大。因为支裂缝一旦产生，在其延伸的早期，裂缝扩展速度较快，但因其缝宽较窄，进缝阻力较大，因此，与主裂缝的低流动阻力相比，后续进入的压裂液绝大部分在主裂缝中运移。换言之，即使产生支裂缝，也很快停止延伸，除非主裂缝中发生了流动阻滞(如缝内砂堵)。

因此，要使支裂缝中有支撑剂进入，必须优化加砂时机，若加晚了支裂缝则停止延伸，进缝压裂液流速接近零，此时的支撑剂很难进入支裂缝，从而导致支裂缝没有获得支撑剂的有效支撑，压裂施工结束后随流动压力的降低，支裂缝会快速闭合，最终只有主裂缝对页岩气的供气产生影响，导致压后产量递减快。此外，还有一个后果是不同粒径的支撑剂，绝大部分将会混合滞留于主裂缝中，这对主裂缝的导流能力将产生致命的损害。但也不能过早加砂，若造缝还不太充分，过早加砂将会影响支撑剂的顺畅进入，甚至会导致早期的砂堵效应，因此应有一个合适的最佳加砂时机。理论上在该时机进行优化的不确定性太大，建议通过现场施工逐段摸索。

8.3.4 压裂液的配方优化

以往压裂液的配方优化主要考虑降阻、防膨和返排等功能。但考虑到常压页岩气的返排率一般相对较低，绝大多数在 30%～50%以下，因此，助排剂浓度可适当降低；防膨率保持在 80%以上即可，在多数情况下，防膨剂的浓度也可适当降低；最重要的是优化降阻剂浓度意义更大，如对粉剂降阻剂而言，浓度 0.03%～0.1%的降阻率变化不大，采用更低浓度的降阻剂后，降阻水体系的黏度可相应地降低，这对常压页岩气沟通更小尺度的裂缝系统而言更具优势，且成本也可大幅度降低。

目前新研发的降阻水与胶液都适用的一体化降阻剂，可将降阻剂的浓度进一步降低到 0.01%，在该超低浓度下，实验室测试的降阻水降阻率仍高达 70.0%（现场测试降阻率将更高些），表观黏度 2.3～17mPa·s，表面张力 22.8～26mN/m。

对部分浅层常压页岩气压裂而言，可以不用降阻剂直接用活性水或清水进行施工注入，降本幅度更大，且现场也有成功应用的案例。

8.3.5 支撑剂类型优选

为增加不同尺度裂缝的导流能力，以前一般采用抗压能力高的陶粒支撑剂。考虑到支撑剂的作用不仅在于支撑裂缝，还在于转向，即通过高浓度支撑剂段塞，在裂缝内产生流动阻滞效应，可迫使裂缝净压力的大幅度提升及裂缝转向。即使因采用全程或部分抗压能力低的石英砂支撑剂，其提供的导流能力对常压页岩气相对不高的产量而言，也已经足够了（图 8-20）。且石英砂在低闭合应力条件下的导流能力并不比陶粒低（图 8-20）。此外，如石英砂支撑剂只替代小粒径支撑剂，这些小粒径支撑剂绝大部分应进入了小微尺度的裂缝系统，因为小粒径支撑剂的抗压能力一般高于大粒径支撑剂，且小微尺度的裂缝对导流能力的要求也不太高，所以，用石英砂替代小粒径支撑剂是可行的。

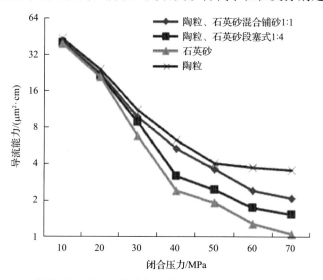

图 8-20 不同闭合应力下石英砂与陶粒不同混合比例下的导流能力对比

由图 8-20 可见，采取陶粒和石英砂比例 1∶1 混合加砂模式，在 65MPa 的闭合压力下，比单一陶粒加砂模式，导流能力损失率在 30%左右，但支撑剂成本可降低 27%（计算依据：低密度陶粒 2600 元/m³，石英砂 1200 元/m³）。

8.3.6 山地井工厂多井拉链式压裂

考虑到我国常压页岩气一般分布在山地，井场面积有限，一般难以应用两套车组的同步压裂技术，而只能应用只有一套压裂车组的拉链式压裂技术。不管是同步压裂还是拉链式压裂，都追求地下多井多裂缝间诱导应力的叠加效应及裂缝复杂性指数与改造体积的最大化。同时，通过地面征地面积的多井共用及各种流程的无缝衔接，以及压裂返排液的重复利用等，大幅度提高压裂施工效率及节约费用。

在山地井工厂压裂参数设计时，要综合考虑天然裂缝发育情况、地应力分布状况，以立体布缝为目标，最大限度地挖掘山地井工厂压裂模式下的降本增效潜力。天然裂缝的作用非常重要，它关系到复杂缝网能否形成。示例的天然裂缝分布模拟图如图 8-21 所示，复杂地应力的模拟结果如图 8-22 所示，立体布缝示意图如图 8-23 所示。

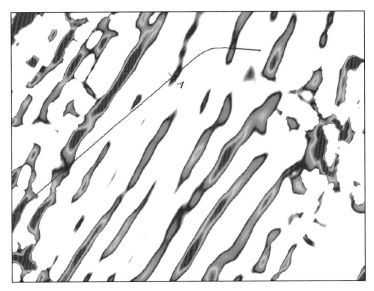

图 8-21   示例的山地井工厂天然裂缝分布模拟

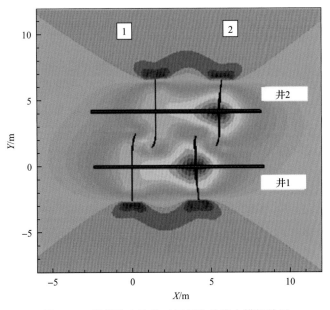

图 8-22   示例的山地井工厂复杂地应力模拟结果

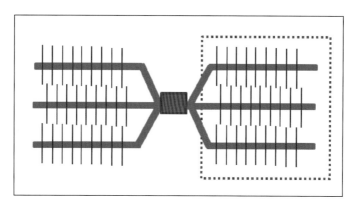

图 8-23　示例的山地井工厂立体布缝示意图

更重要的是，与单井压裂相比，拉链式压裂在同等施工参数条件下的单井日产量也有一定幅度的提升，进而导致单位产气费用的降低，这也是一种降本的措施。

实际应用结果表明，考虑多因素约束，以平台投入产出比为目标，压裂施工周期缩短 30%～40%，平均单井产量同比提高 16.8%。

8.4　常压页岩气体积压裂参数优化及控制技术

常压页岩气的压裂施工模式及参数优化与控制技术，是压裂设计及施工最重要的环节，它直接决定了常压页岩气是否具有经济开发价值。需要优化与控制的主要参数包括压裂施工参数及压后返排参数等，下面分别进行论述。

8.4.1　压裂施工参数的优化与控制

1. 压裂注入模式优化与控制

所谓压裂注入模式主要指的是不同压裂液类型与黏度的注入顺序，以及对应的不同支撑剂类型及粒径的注入顺序。显然地，压裂注入模式的优化是最重要的，不同注入模式下，即使采用的总压裂液量及总支撑剂量相同，形成的裂缝复杂性及改造体积也可能千差万别。例如，高黏度的胶液到底用不用，什么时候用，怎么用(如是大段注入还是分段与低黏度降阻水交替注入)，胶液的黏度多少更合适，抑或采用变黏度的胶液，上述不同的选择都可能导致完全不同的结果。

众所周知，胶液具有相对高黏度，采用胶液后的造缝效率更高，携带支撑剂的砂液比也相对更高。尤其重要的是，如胶液前置造缝，可大幅度提高主裂缝的垂向缝高，这对常压页岩气而言尤其重要(高构造应力引起的高闭合应力，导致上覆应力与最小应力的差值较小，易引发水平层理缝的大幅度张开，缝高因此会大幅度受限，前面有关章节已多次论述该观点)。缝高大幅度提高后，裂缝的过流面积大幅度增加，不会导致裂缝过早的流动阻滞或砂堵的出现。

但对深层常压页岩气而言，前置胶液的黏度及用量也不是越大越好。过高的黏度及用量反而可能会导致破裂压力高甚至超过井口限压(图8-24)，即使在井口限压下破裂，也难以正常延伸。有时现场上存在高黏度压裂液的液堵现象，即高黏度压裂液推不动，造成裂缝内的憋压效应。压力持续维持在限压下很小的压力窗口内，导致后续注入无法有效地进行，支撑剂则难以有效携带和运移到裂缝端部。

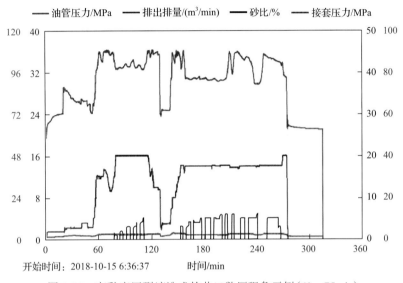

图8-24 高黏度压裂液造成的井口憋压现象示例(60～75min)

因此，要针对常压页岩气目的层应力等的特性，优选最佳的胶液黏度，且胶液的注入模式及体积优化也非常关键。如果采用胶液及降阻水的一段式注入，则不管是胶液前置还是后置，肯定形成了水力主裂缝，但降阻水形成的复杂裂缝只能在主裂缝的局部位置有分布。因此，必须是高黏度的胶液与低黏度的降阻水交替注入，且胶液必须前置注入：一是便于在近井筒处形成简单的裂缝形态，进而有利于主导裂缝的充分延伸，也有利于实现常压页岩气控近扩远的目标；二是可利于形成因胶液与降阻水黏度差导致的黏滞指进效应，低黏度降阻水可快速指进到高黏度胶液的造缝前缘，继续沟通与延伸小微尺度的裂缝系统。等下一个胶液与降阻水循环交替注入时，再次利用高黏度胶液的低滤失性及进入小微尺度裂缝系统阻力大的优势，进一步拓展主导裂缝的长度，并再次利用低黏度降阻水黏滞指进特性(由于主裂缝内流动阻力最小，绝大部分降阻水在主裂缝前缘指进并就地继续沟通与延伸小微尺度的裂缝系统。最终通过上述多次循环交替注入，实现主导裂缝的充分延伸和复杂裂缝的大范围形成，不仅在近井附近，在中井及远井附近，都应有广泛分布的小微尺度裂缝系统。最终形成的裂缝复杂性及改造体积是最佳的，基本可满足多尺度复杂缝网的改造目标的要求。

值得指出的是，上述胶液与降阻水的多级循环交替注入技术，从理论上而言，在总的降阻水及胶液体积一定的前提下，循环的级数越多，阶段注入的液量越小，则裂缝的复杂性分布范围越广泛，越有利于压后产量及稳产效果的提升。但过多的循环注入级数也不现实,因为页岩气的注入排量一般在 15~20m³/min 以上,过小的降阻水及胶液体积,注入阶段的时间可能只有短短的几分钟甚至 1min 以内,因需要现场技术人员频繁倒换液罐闸门,显然在现场可操作性上存在着严重问题。

具体模拟的目标函数可设置为裂缝改造体积的最大化,以此确定胶液及降阻水的最优比例,且在最优比例确定之后,多级循环注入方式下的造缝效率也应相对最高。

2. 压裂注入参数优化及控制

在注入模式确定后,具体的注入参数主要包括每个循环注入阶段的压裂液类型与黏度、体积、排量、支撑剂类型与粒径、施工砂液比等。

考虑到需要优化的参数比较多,可采用正交设计方法,每项参数取 3 个水平值,优化的目标函数应是实现优化的裂缝参数结果(包括缝长、导流能力、簇间距等)。可应用成熟的页岩气裂缝扩展模拟的商业软件进行上述模拟优化工作。

值得指出的是,为了精细模拟施工参数以获得最优的裂缝几何尺寸及导流能力的合理分布,对各施工参数可进行分阶段优化,且每个阶段的施工参数组合是不同的。例如,起始阶段更倾向于高黏度与低排量的组合,施工中后期更倾向于低黏度与高排量的组合。对每个砂液比注入而言,可以精细计算地面注入的砂液比段进入裂缝后直到停泵与裂缝闭合等时刻的支撑剂分布形态及支撑浓度剖面。理论上而言,导流能力剖面从缝端到缝口应是逐渐增加的,即形成所谓的楔形剖面(图 8-25)。另外,所有施工参数优化的目标函数应在保证上述优化的裂缝支撑剖面的基础上,总的压裂液量及支撑剂量最少,成本也最低(涉及压裂液配方中各种添加剂浓度的优化)。

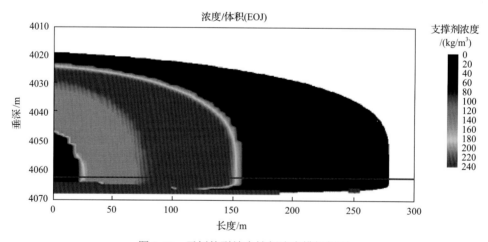

图 8-25 示例的裂缝支撑剂浓度模拟剖面

上述模拟极为复杂,如支撑剂加入程序的优化,先模拟第一级支撑剂进入裂缝后直到闭合时的支撑剂分布形态及分布浓度剖面。在模拟这段支撑剂分布规律时,其他段的注入,不论是支撑剂还是中顶液,都假设为纯压裂液,这样就能精准计算该段支撑剂的真实分布情况。而中顶液对上述支撑剂分布形态及浓度分布的影响,也可按上述方法进行模拟。类似地,也可模拟第二段支撑剂及其紧邻的中顶液注入后到裂缝闭合时的分布形态及浓度。相当于把支撑剂携砂液及中顶液作为一个子系统进行模拟。每个子系统模拟获得的支撑剂分布形态及浓度可以合并叠置。最终得到主裂缝不同位置处支撑剂的形态及浓度的整体分布情况。

值得指出的是，不同粒径支撑剂在主裂缝中的分布形态及浓度，只能在多尺度复杂裂缝支撑剂运移物理模拟实验中获得，目前的商业软件还难以对其进行准确模拟[5]。理论上，目前压裂施工中常用的三种粒径支撑剂，应各自全部分布在与其粒径匹配的三级裂缝系统中，即小粒径支撑剂全部进入尺度最小的微裂缝中，中粒径支撑剂全部进入尺度中等的支裂缝中，大粒径支撑剂全部进入最大尺度的主裂缝中。但由于三级裂缝系统本身能否实现及实现程度都具有很大的不确定性，因此，三种粒径支撑剂的比例选择同样具有不确定性。一般地，三种粒径的支撑剂在不同尺度的裂缝中均有可能分布(图 8-26)。但即使如此，因三种粒径支撑剂一般是按粒径从小到大的先后顺序进行注入的，即使最终只形成了一条主裂缝，裂缝内从缝端到缝口，支撑剂分布基本是小粒径、中粒径及大粒径，且各种粒径支撑剂间的接触界面虽不是那么截然分明，仍基本上不影响主裂缝优化的导流能力剖面。除非在裂缝的底部，可能有不同粒径支撑剂的混杂分布，那就会影响裂缝底部的导流能力。考虑到常压页岩气的水平层理缝相对发育，且越往有利目标层的底部，水平层理缝越发育，因此，从裂缝底部往裂缝中流动的页岩气产量基本可忽略。大部分页岩气应沿水平层理缝方向流入垂直的人工裂缝中。因此，裂缝底部因不同粒径支撑剂混合导致的导流能力降低效应对最终的压后产量影响不大。

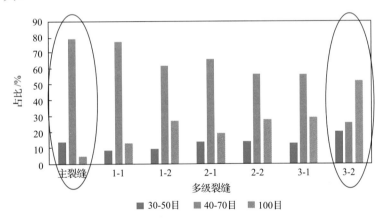

图 8-26 四级复杂裂缝支撑剂分布的物理模拟实验结果

1-1 和 1-2 为一级支裂缝；2-1 和 2-2 为二级支裂缝；3-1 和 3-2 为三级支裂缝

目前绝大多数裂缝模拟商业软件，支撑剂的分布只能模拟主裂缝，难以模拟次级裂缝(如支裂缝)，三级及四级微裂缝系统更难模拟，这也是今后裂缝模拟软件需要进一步发展的方向之一。

8.4.2 压后返排参数的优化

返排参数主要包括返排时机及返排制度等。关于返排时机一直有两派争论：一是压后立即返排，二是压后适当焖井。实际上，当最后一段压裂施工结束后，第一段压裂裂缝可能已经历了 10 天甚至更多天的焖井。因此，即使压后立即返排，对先前已压裂段而言，都不属于立即返排的范畴。考虑到常压页岩气的岩石中石英矿物的含量都相对较高，压后利用缝内净压力还可能继续延伸，导致裂缝内支撑剂的二次运移及支撑剂分布浓度剖面不理想，因此，从理论上而言，应提倡压后立即返排，以利用裂缝尚未闭合的时机，通过返排将进入缝口内部的支撑剂重新回流到近井筒裂缝处。

至于返排制度，总体上在自喷返排期应以压后不出砂为目的。考虑到主裂缝中的压裂返排液流动速度最大，且主裂缝的宽度最大，容纳的支撑剂量也最多，因此主裂缝中最容易出砂。相对而言，支裂缝及微裂缝中的支撑剂就难以流出来，但即使流出来，最终也表现为主裂缝的出砂(一般以小粒径支撑剂出砂居多)。这可通过现场不断调换油嘴或针型阀尺寸来获取特定区块井的返排经验。

而在抽汲期，裂缝都早已闭合，可适当放大抽汲制度，但要结合页岩的应力敏感性特征及具体岩样的实验结果，抽汲制度的确定应以不产生应力敏感性伤害为目标，或通过支撑剂循环应力加载下的导流能力实验结果，以导流能力保持率最大化为目标。在制定具体的抽汲制度时，还应结合动液面的变化情况随时调整，如动液面变化慢，可尽快抽汲；否则，要放慢抽汲速度，以免造成循环应力载荷效应，加快裂缝导流能力的递减。

参 考 文 献

[1] 卞晓冰, 蒋廷学, 贾长贵, 等. 考虑页岩裂缝长期导流能力的压裂水平井产量预测[J]. 石油钻探技术, 2014, 42(5): 37-41.

[2] 蒋廷学, 王海涛, 卞晓冰, 等. 水平井体积压裂技术研究与应用[J]. 岩性油气藏, 2018, 30(2): 1-11.

[3] 蒋廷学, 卞晓冰, 王海涛, 等. 页岩气水平井分段压裂排采规律研究[J]. 石油钻探技术, 2013, 41(5): 21-25.

[4] 卞晓冰, 蒋廷学, 卫然, 等. 常压页岩气水平井压后排采控制参数优化[J]. 大庆石油地质与开发, 2016, 35(5): 170-174.

[5] 侯磊, 蒋廷学, 李根生, 等. 复杂裂缝内支撑剂输送的关键参数及算法[J]. 科学通报, 2017, 62(26): 3112-3120.

第 9 章　常压页岩气典型压裂案例分析

国内常压页岩气区块主要包括彭水、武隆、丁山及焦页 10 井区等。下面分别对典型井进行示例剖析。

9.1　彭水区块典型压裂井案例分析

9.1.1　钻完井概况

1. 钻井情况

A-3 井位于重庆市彭水苗族土家族自治县桑柘镇白泥村，构造位置处于上扬子盆地武陵褶皱带桑柘坪向斜核部。区内上奥陶统五峰组—下志留统龙马溪组底部，发育厚层黑色页岩，富含笔石等生物，有机质丰度高，页岩气富集条件好，是页岩气勘探的主要目的层。

A-3 井基本钻井数据如表 9-1 所示。

表 9-1　A-3 井钻井地质参数表

井别	井型	完钻井深	地面海拔	靶点数据	靶前位移
评价井	水平井	4190m	709m	靶点 A 斜深：3040m；靶点 A 垂深：2866m； 靶点 B 斜深：4140m；靶点 B 垂深：3019m	靶点 A 水平位移 238m

水平段长	方位	磁偏角	目的层位	完钻层位
1100m	190°	−2.95°	下志留统龙马溪组	下志留统龙马溪组

A-3 井用直径 660.4mm 钻头一开，钻至井深 1055m，下入直径 444.5mm 表层套管；用直径 313mm 空气锤二开钻进，后转为常规泥浆钻进至 2375m，下入直径 311.1mm 技术套管；用直径 215.9mm 钻头三开，三开采用油基泥浆。钻至井深 4190m 完钻，完钻后下入 P110 套管(139.7mm×10.54mm)，套管下深 4185m。

2. 钻遇地层

A-3 井开孔下三叠统嘉陵江组，自上而下钻遇地层分别为下三叠统嘉陵江组、大冶组，上二叠统长兴组、吴家坪组，下二叠统茅口组、栖霞组、梁山组，中上志留统韩家店组，下志留统小河坝组、龙马溪组(未钻穿)(表 9-2)。地层倾角自上而下呈逐渐变缓趋势，自小河坝组 17°左右到水平段渐变为 7°，水平段末则变为 2°~3°(4000~4190m)左右。

A-3 井在龙马溪组共钻遇 1478m 灰黑-黑色泥页岩，井段为 2712~4190m，其中水平段 3040~4190m 为黑色页岩。根据地层对比，A-3 井水平井段钻遇地层相对 A-1 井的 2135~2142m 井段，入窗率 100%，轨迹整体位于靶窗(相当于 A-1 井 2130~2145m)内靠下部分。从岩性对比来看，A-3 井水平段为全段为灰黑-黑色页岩，与设计靶窗(对应

A-1 井 2130～2145m)岩性一致。

表 9-2   A-3 井钻遇地层分层数据表

地层单元	设计参数/m			实钻参数/m			岩性描述
	设计顶深	设计底深	设计厚度	实钻顶深	实钻底深	实钻厚度	
嘉陵江组	5	400	395	5	403	398	灰色泥晶灰岩、灰质白云岩
大冶组	400	815	415	403	836	433	灰色泥质灰岩、泥晶灰岩
长兴组	815	900	85	836	904	68	灰色云质灰岩、含硅质灰岩、灰质泥岩
吴家坪组	900	970	70	904	1082	178	灰色泥晶灰岩、灰质泥岩夹煤线
茅口组	970	1295	325	1082	1210	128	灰色泥晶灰岩
栖霞组	1295	1370	75	1210	1294	84	深灰色泥质灰岩
梁山组	1370	1374	4	1294	1296	2	灰绿色铝土质泥岩
韩家店组	1374	1958	584	1296	1838	542	灰-深灰色泥岩、粉砂质泥岩
小河坝组	1958	2449	491	1838	2348	510	灰色粉砂质泥岩、泥质粉砂岩、细砂岩
龙马溪组	2449	2900	451	2348	4190	1842	上部灰色含粉砂泥岩,水平段黑色碳质页岩

A-3 井自 2878m 后,黑色泥页岩出现气测异常,水平段气测呈现连续显示,全烃最高达 6.87%,平均为 3.18%,C_1 最高达 5.9%,平均为 2.75%。

钻进过程中仅发生一次漏失,漏失段为 3892～3905m,共计漏失油基泥浆 85.35m³。此外,在 3905～4190m 井段发生过轻微渗漏,完井后进行承压堵漏和通井循环时也发生过渗漏。全井累计漏失油基泥浆 163.55m³。

9.1.2 页岩品质评价

1. 页岩储层物性特征

1)岩石矿物组分

矿物组分分析结果表明,岩石黏土矿物含量为 28.5%(黏土矿物主要成分为伊/蒙混层、伊利石、绿泥石,伊/蒙混层比 5%～10%),石英含量为 44.5%,方解石含量 5.18%。脆性矿物(石英、钾长石、斜长石、方解石、白云石)占全岩矿物含量的 35.3%～80.2%。

2)储集空间特征

含气页岩段测井解释孔隙度为 4.4%～4.9%,渗透率为 91.5～139.8nD。脉冲法测试孔隙度为 0.194%～4.056%,渗透率为 98～5590.9nD。

3)含气性特征

龙马溪组底部 34m 最优储层的含气性如表 9-3 所示。

表 9-3 优质页岩含气性数据

层号	厚度/m	含气性	
		气测全烃/%	总含气量/(m³/t)
⑤	10	2.86	1.3
④	6	5.82	2.24
③	12	10.9	2.3
②	2	4.18	2.14
①	4	4.55	1.7

4) 天然裂缝特征

A-3 井未开展取心、成像测井，但根据邻井相应层位的岩心观察资料和 FMI 成像测井资料分析，认为 A-3 井裂缝不太发育，仅在水平段末段及更靠近向斜核部的层段发育裂缝(3800~4190m)。

2. 地质力学特征

1) 岩石力学分析

参考邻井龙马溪组页岩岩石力学参数解释成果(表 9-4)，泊松比为 0.234~0.264；杨氏模量为 21.052~46.54GPa。

表 9-4 单轴岩石力学参数测试

序号	井深/m	试样编号	围压/MPa	孔压/MPa	抗压强度/MPa	杨氏模量/MPa	泊松比
1	2032.15~2032.36	垂 2	0	0	75.16	21052	0.241
2	2106.52~2106.58	垂 1	0	0	110.24	42461	0.234
		垂 2	0	0	100.39	39564	0.238
3	2115.41~2115.58	垂 1	0	0	121.6	42572	0.238
		平 1	0	0	101.12	46540	0.264

2) 连续地应力剖面分析

图 9-1 为 A-3 井垂向地应力连续剖面图，从图中可以看出，目的层最小水平主应力为 60~63MPa，3019m 底部具备较好的隔层条件，应力差值大于 6MPa，2985m 顶部隔层条件一般，应力差值相对较小。

3. 可压性条件综合分析

从地质条件来看，彭水地区龙马溪组泊松比较高，中等偏塑性地层，目的层裂缝不发育，压裂后易形成单一缝；但地应力差异系数较小，石英含量适中，具备形成复杂缝的条件。总体来看，彭水地区与美国的 Haynesville 页岩气藏性质较为相似；同时，彭水地区与焦石坝同属一套地层，页岩储层特性也较为相似。彭水区块基本符合远景页岩选择标准。

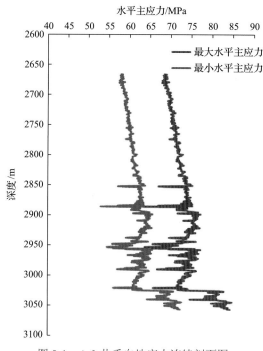

图 9-1 A-3 井垂向地应力连续剖面图

彭水地区页岩压裂物理模拟试验结果显示，真三轴压缩条件下水力压裂裂缝沿天然层理面开裂为主，水力压裂可产生与层理面垂直的裂缝，与天然层理面开裂后形成的裂缝交会，形成网状裂缝。因此，彭水区块页岩具有形成复杂缝的基础和条件，压裂设计要以尽量形成复杂缝为目标。

9.1.3 压裂优化设计

1. 总体技术思路

考虑到常压页岩气藏的生产压差更小，对裂缝复杂性及有效裂缝改造体积的要求更高，基于 A-3 井页岩储层评价分析结果，进行压裂设计的总体思路如下：压裂工艺技术采用"两低三高一快"模式，即低伤害+低顶替，高排量+高砂比+高液量，快施工。具体技术对策如下：根据固井质量测井结果，优选分段级数和桥塞位置；增加段数，采用簇式射孔方式，优选射孔参数；优化施工泵注程序，前期中等排量，通过控制净压力控缝高，主裂缝达到预期缝长后，尽可能提高排量、砂液比和压裂液黏度，克服纵向多层理对缝高的限制，促进裂缝转向最终形成复杂裂缝，实现提高有效改造体积(ESRV)的目标。

2. 段簇优化设计

研究表明，当天然裂缝内净压力超过 13.18MPa 时天然裂缝可张开，根据诱导应力场计算结果(图 9-2)，根据诱导应力场可知裂缝张开 13m 之内的弱面缝，因此确定簇间距为 26m。初步确定 A-3 井(压裂段长度 1260m)为 24 段。

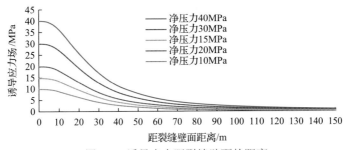

图 9-2 诱导应力距裂缝壁面的距离

根据水平井钻探情况，依据 GR、气测显示、漏失及固井质量综合评价等，确定相同岩性，尽量保证压裂起缝一致性的原则，在上述储层分类的基础上，在同一类型的泥页岩段内部根据等厚法将该井压裂井段分为 24 段进行施工，压裂段总长度为 1260m，单个段长基本为 50m，少部分段为 55m 和 65m。

射孔位置主要为找准甜点位置，避开套管接箍和扶正器短节位置，射孔位置的确定应遵循以下原则：

(1) 应选择在 TOC 较高的位置射孔。

(2) 选择在天然裂缝发育的部位射孔，天然裂缝不仅储藏气体，同时是优良的产出通道。

(3) 选择在孔隙度、渗透率高的部位射孔。

(4) 选择在地应力差异较小的部位射孔。

(5) 选择气测显示较高的部位射孔。

(6) 选择固井质量好的部分。

为减少孔眼摩阻，推荐采用较大孔径射孔，孔径不小于 12mm，每段 2 簇射孔，孔密为 16 孔/m，1.3m/簇，相位 60°，每段共 40 孔。

3. 压裂工艺参数优化

1) 裂缝参数优化

(1) 裂缝半长优化。

模拟条件：裂缝半长取值范围：150～400m，以 50m 间隔取值。

不同裂缝半长下日产气量和累计产气量随时间的变化曲线如图 9-3 所示。产量随

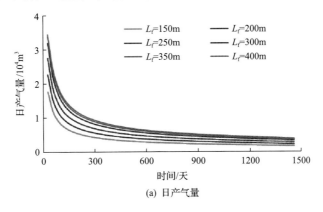

(a) 日产气量

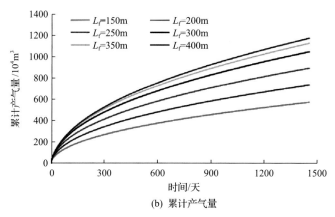

(b) 累计产气量

图 9-3　不同裂缝半长下产量随时间的变化曲线

裂缝半长(L_f)增加而增大。裂缝半长大于 300m 时累计产量递增减缓，综合考虑推荐最优裂缝半长为 300m。

(2)导流能力优化。

模拟条件：裂缝导流能力取值范围：0.1～10D·cm。

不同裂缝导流能力下日产气量和累计产气量随时间的变化曲线如图 9-4 所示。产量随导流能力(FRCD)增加而增大。导流能力大于 3D·cm 时累计产气量递增减缓，综合考虑推荐最优导流能力为 3D·cm。

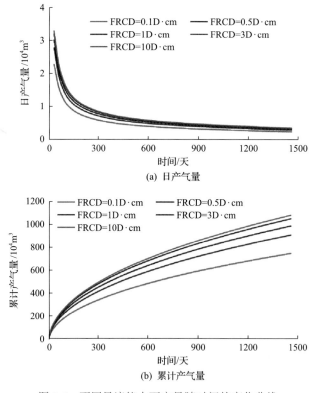

(a) 日产气量

(b) 累计产气量

图 9-4　不同导流能力下产量随时间的变化曲线

(3)布缝模式优化。

模拟条件：布缝方式为均一布缝、W形布缝和两端裂缝较长布缝。

不同布缝模式下日产气量和累计产气量随时间的变化曲线如图9-5所示。W形布缝方式日产气量和累计产气量最高，均一布缝则最低。

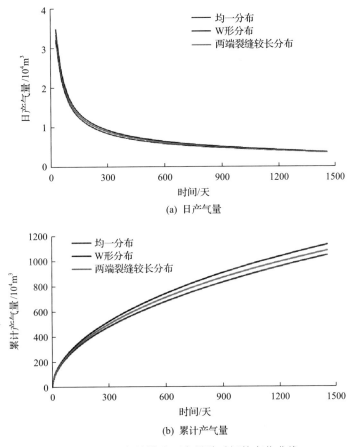

(a) 日产气量

(b) 累计产气量

图 9-5　不同布缝模式下产量随时间的变化曲线

2) 施工规模优化

选取如下压裂液用量：1600m³、1800m³、2000m³ 和 2200m³，支撑剂用量为 65～95m³，则不同压裂液用量对裂缝半长的影响如图 9-6 所示。优选压裂液用量为 1800～2000m³，支撑剂量 80～90m³，此时裂缝半长和导流能力符合前面裂缝参数优化的结果。

3) 施工排量优化

模拟条件：排量分别为 8m³/min、10m³/min、12m³/min、14m³/min、16m³/min 时对裂缝形态和改造体积的影响，如图 9-7 所示。排量越大，改造体积(SRV)及净压力也越大。因此优选最高排量 14m³/min 左右。

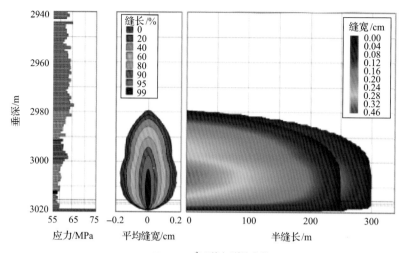

(a) 1600 m³压裂液(裂缝半长270m)

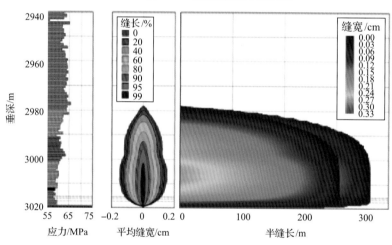

(b) 1800m³压裂液(裂缝半长290m)

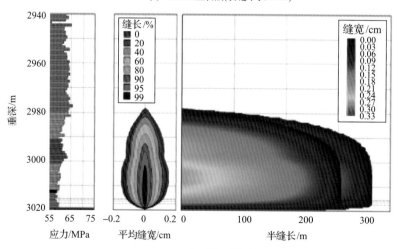

(c) 2000m³压裂液(裂缝半长320m)

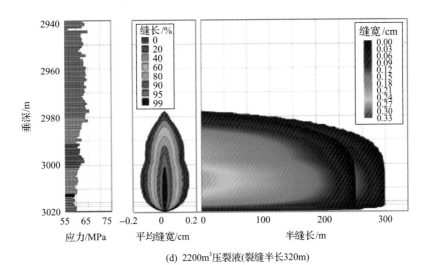

(d) 2200m³压裂液(裂缝半长320m)

图 9-6　不同施工规模对应的裂缝长度

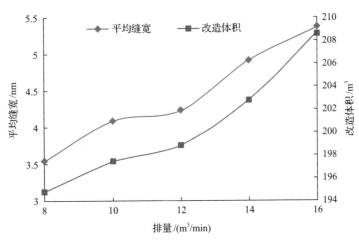

图 9-7　排量对裂缝形态的影响

4) 主压裂泵注方案优化

根据储层分类结果，结合现场实际排量、压力的变化情况及潜在的不利因素提供以下 4 种方案：①相对易加砂的正常施工程序总净液量 1800m³，总支撑剂量 90.1m³，排量 12～14m³/min，在此基础上进行其他类型施工泵序设计；②前两段压裂施工相对困难，应适当控制规模；③对于非渗漏层，对中部和端部压裂层位采取加大施工规模；④针对漏失层，施工压力波动大，地层对砂比敏感，应增加粉陶用量，降低砂比，控制排量。

5) 压裂返排方案设计

排采原则：先慢后快，稳定连续，适当快速。具体方案如下：①油压大于 33MPa，返排速度要小于 12m³/h；②油压小于 33MPa，可进一步提高返排速度，但应小于 20m³/h；

③油压小于 13MPa，可敞排，排液期间每小时记录一次出口液量、油套压及含砂量，排液要求及时以确保压裂效果；④无法自喷排液或排液效果差，采取人工助排。

4. 压裂材料优选

1）压裂液优选

（1）降阻水体系。

降阻水体系配方：0.1%高效降阻剂（乳剂）+0.1%复合增效剂+0.01%杀菌剂。

乳剂降阻率大于 65%，伤害率小于 10%，易返排，黏度可调；降阻水携砂比大于 10%；能够进行大型压裂连续混配施工（一天 2～3 段）；性能达到国外产品水平，性价比优于国外产品。

主要性能参数如表 9-5 所示。

表 9-5　降阻水主要性能参数表

来源	降阻率/%	表面张力/(MN/m)	伤害率/%	黏度/(mPa·s)
乳液降阻水体系	65～70	22～25	<10	2～5

（2）胶液体系。

①主体配方。

胶液体系：0.35%低分子稠化剂+0.3%流变助剂+0.1%复合增效剂+0.05%黏度调节剂+0.02%消泡剂。

②胶液性能。

胶液水化性好，基本无残渣，悬砂好，裂缝有效支撑好，返排效果好（低伤害、易悬砂、好水化、易返排）。

2）支撑剂优选

页岩储层压裂通常选择 100 目支撑剂在前置液阶段做段塞，封堵天然裂缝，减低滤失，为了增加裂缝导流能力，降低砂堵风险，中后期携砂液选择 40-70 目支撑剂（更大粒径如 30-50 目，在加砂条件允许时，也可采用），阶梯加砂。

参考彭水第一口井的压裂，A-3 井闭合应力为 58～66MPa。考虑到支撑剂耐压性、价格等因素，A-3 井的支撑剂采用陶粒/覆膜砂。

9.1.4　现场压裂施工

A-3 井原设计把 1260m 井段分为 24 段共 48 簇压裂，每段长基本按 50m 进行压裂，部分段长为 55～60m。实际施工中下桥塞遇阻共舍弃 3 段半；最后在斜井段处又增加一段，因此实际共压裂 22 段 46 簇。

A-3 井共计 20 天完成了 22 段压裂施工，施工曲线如图 9-8 所示。施工段实际液量和砂量均达到设计要求。

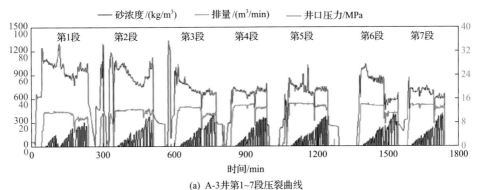

(a) A-3 井第 1~7 段压裂曲线

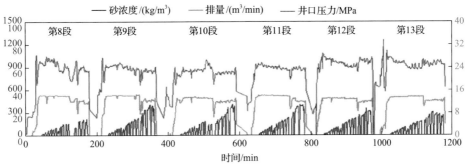

(b) A-3 井第 8~13 段压裂曲线

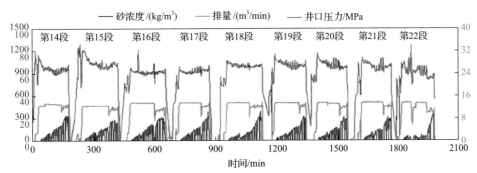

(c) A-3 井第 14~22 段压裂曲线

图 9-8 A-3 井 22 段压裂施工曲线

将 22 段压裂施工曲线按形状分为 3 类,如表 9-6 所示。

表 9-6 A-3 井施工曲线分类表

曲线形状分类	数量	压裂段	备注
先降后升型	2 (9%)	1、2	降阻水阶段施工压力下降原因: ①裂缝延伸过程中沟通天然裂缝或层理缝 ②缝高在纵向上延伸 ③压裂液携砂打磨孔眼,孔眼摩阻、弯曲摩阻降低
先降后稳型	12 (55%)	3、5、6、8、12、13、14、15、19、20、21、22	
压力平稳型	8 (36%)	4、7、9、10、11、16、17、18	整体施工压力较平稳反映了地层比较均质

注:括号里面的百分数为压裂曲线类型占总压裂段的比例。

每段施工总液量均在 1900m³ 以上（其中 15 段总液量超过 2000m³）；19 段加砂量超过 90m³（其中 12 段加砂量超过 100m³）。其中第 2 段总液量 2671.8m³，第 16 段加砂达到 126m³。最高施工排量保持在 13～14.5m³/min 左右；平均施工压力在 60～70MPa 左右；降阻水最大携砂砂比达到 14%；施工过程中降阻水性能良好，降阻率保持在 70%左右。A-3 井 22 段压裂施工参数统计如表 9-7 所示。

表 9-7　压裂施工参数统计表

压裂施工	总液量/m³	累计加砂量/m³	平均砂比范围/%	施工排量/(m³/min)
22 段共 46 簇	46542.26	2108.1	7.21～12.32	10～14

9.1.5　压后评估分析

1. 储层破裂特征分析

统计了 A-3 井 22 段压裂施工在升排量阶段的地层破裂次数、平均压力降幅及降速如表 9-8 所示。其中前 6 段天然裂缝发育，压力降幅和降速较大，整个排量过程发生多次明显破裂，地层偏脆性；第 7～11 段压力降幅和降速小，相对低排量发生 2～3 次微小破裂，地层偏塑性；第 12～22 段受较高的地应力影响，压力降速有所降低，发生明显破裂的次数减少，地层脆塑性居中[1]。

表 9-8　A-3 井 22 段地层破裂特征数据表

射孔段	伽马/API	破裂次数	施工排量/(m³/min)	平均压力降幅/MPa	降速/(MPa/min)
1	243	7	5.5～11	3.7	17.4
2	244	2	4～12.2	4.7	34.5
3	259	12	0.9～13.2	4.0	29.5
4	245	7	5.7～13	1.9	8.4
5	210	3	10～14.4	3.3	4.7
6	248	5	4～14.1	3.6	17.4
7	370	3	3.5～6	0.9	15.0
8	431	2	5～9.3	1.8	8.2
9	388	2	7.4～9.5	2.4	6.9
10	413	3	2.7～6.6	2.4	9.1
11	235	7	2.7～13.3	4.3	25.8
12	231	3	2.5～4.8	2.2	8.2
13	389	2	1.4～2.3	2.7	12.5
14	187	4	1.8～2.7	4.0	18.4
15	180	3	0.7～2.8	4.2	6.8
16	200	1	2.7	1.5	10.0
17	240	1	2.3	8.8	7.3
18	228	2	5.7～13.4	3.8	2.4
19	242	2	1.8～3	2.6	8.0
20	242	2	2.8～13.4	4.3	1.2
21	248	4	1～13.6	4.2	15.7
22	156	3	5.8～13.4	4.2	7.4

2. 储层脆塑性分析

基于压裂施工破裂压力曲线,提出了利用压裂施工中的能量区域来表征施工过程中综合脆性指数的新方法[1-3]。以此为基础计算 A-3 井综合脆性指数,结果如表 9-9 所示,脆性指数范围为 30.9%～54.3%,水平井段穿行页岩地层非均质性较强。

表 9-9 A-3 井各段脆性指数

段数	1	2	3	4	5	6	7	8	9	10	11
脆性指数/%	36.2	38.5	39.8	33.1	48.9	38.9	30.9	34.4	34.6	43.9	35
段数	12	13	14	15	16	17	18	19	20	21	22
脆性指数/%	33.7	35.4	32.4	33.6	47	48.5	35.3	42.4	43.7	54.3	39.9

综合看来,A-3 井水平段射孔位置自然伽马值以及各压裂段施工压力曲线地层破裂特征具有如下对应关系:①自然伽马值为 150～260API,平均破裂次数 4.1 次,平均压力降幅 3.9MPa,平均降速 13.1MPa/min,平均脆性指数 40.1%;②自然伽马值大于 260API,平均破裂次数 2.4 次,平均压力降幅 2.0MPa,平均降速 9.7MPa/min,平均脆性指数 35.8%。针对该区块页岩气井,可根据自然伽马值对水平井段穿越地层的脆塑性进行判断,进而为每段压裂设计思路提供依据。

3. 裂缝形态分析

大型物理模拟试验表明,施工过程中压力曲线波动频率越大、压力降幅越高,则声发射监测到的信号分布范围越广,裂缝形态越复杂。基于此,统计了该井降阻水压裂施工阶段消除携砂液密度差影响的井底压力波动频率和平均压力波幅,如图 9-9 所示。综合而言,第 5、6、18、20 段远井裂缝发育程度较好、分布范围均较大,压裂后易形成复杂裂缝。

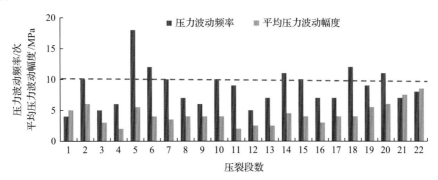

图 9-9 A-3 井 22 段施工曲线的压力波动频率和幅度统计图

典型 G 函数曲线如图 9-10 所示,根据 G 函数叠加导数曲线特征可知,第 2 段具有剪切网状裂缝特征;第 5 段具有多裂缝特征;第 8 段以单一缝为主;第 18 段具有分支裂缝特征。

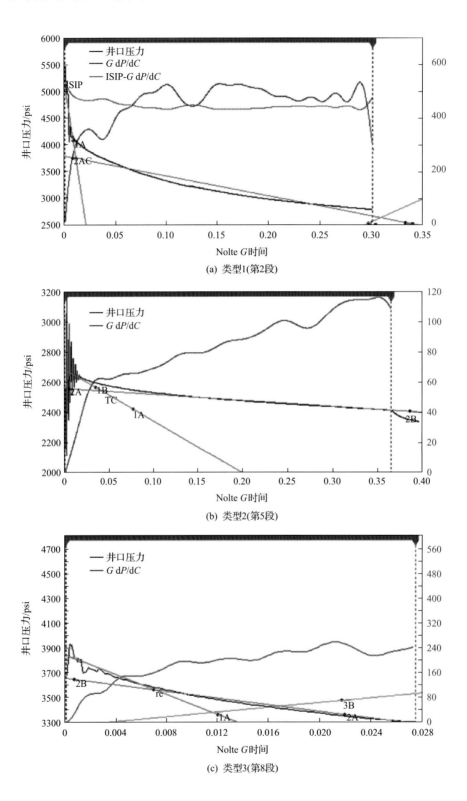

(a) 类型1(第2段)

(b) 类型2(第5段)

(c) 类型3(第8段)

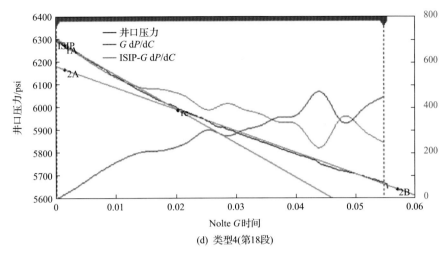

(d)　类型4(第18段)

图 9-10　4 种类型的压后 G 函数曲线分析图

结合页岩脆塑性、典型页岩压裂试验，以及压力曲线形态分析结果，进行 A-3 井压裂后裂缝形态诊断，如表 9-10 所示。

表 9-10　A-3 井裂缝形态诊断结果

类型	单一裂缝	复杂裂缝	网络裂缝
压裂段	7~11、13~16、18、22 段	1、3、4、12、17、19~21 段	2、5、6 段
比例/%	50	36.4	13.6

4. 压后效果分析

A-3 井于 2013 年 1 月 25 日压完，2 月 5 日开始放喷，最高日产气量为 $3.8 \times 10^4 m^3$，自喷返排率 14.42%。2013 年 3 月份下电泵排采，7 月份开始准备解堵工作，12 月份后开始自喷生产。至 2014 年 8 月 26 日累计产气量 $498 \times 10^4 m^3$，返排率 52.26%。

9.1.6　认识

(1)彭水地区地层非均质性较强，脆塑性变化大，横向地应力差异系数较大，要针对地层特征进行相应的压裂施工设计。

(2)A-3 井在大规模多段数的网络压裂技术条件下，实现了更好的改造，形成的复杂裂缝更多，改造体积更大。

(3)对比彭水区块两口已压裂水平井(水平段长接近)，A-1 井压裂段数少、施工规模小；而 A-3 井则采取多段数和大规模施工。A-3 井压后因为压裂漏失层导致一定的堵塞，但最终解堵后实现了自喷排采，自喷产气量达到 $1.5 \times 10^4 m^3/d$，A-1 井需人工助排措施，才可获得一定产量。

(4)建议增加单段簇数，采用暂堵转向压裂等技术，增加裂缝复杂性，提高改造体积；采用石英砂作为压裂用支撑剂，进一步降低压裂成本。

9.2 武隆区块典型压裂井案例分析

9.2.1 钻完井概况

1. 钻井情况

B-2 井位于重庆市武隆县仙女镇荆竹村 1 组，是针对上奥陶统五峰组—下志留统龙马溪组下部页岩气层部署的一口页岩气预探水平井。采用三级井身结构。完钻后下入 TP110T 套管，外径 Φ139.7mm，壁厚 12.34mm，下深 4559.85m。

B-2 井基本钻井数据如表 9-11 所示。

表 9-11 B-2 井钻井基础数据表

井别	井型	地理位置	构造位置
预探井	水平井	重庆市武隆县仙女镇荆竹村 1 组，武隆县城正北方向约 6.3km	川东南地区利川-武隆复向斜武隆向斜北翼
实钻 A 靶点	实钻 B 靶点	完钻层位	水平段长
井深：2773m；垂深：2559m	井深：4573m；垂深：2741m	奥陶系临湘组	1800m

2. 钻遇地层

B-2 井自上至下钻遇地层为三叠系下统嘉陵江组、飞仙关组；二叠系上统长兴组、龙潭组，下统茅口组、栖霞组、梁山组；志留系中统韩家店组，下统小河坝组、龙马溪组；奥陶系上统五峰组、临湘组。地层对比如表 9-12 所示。

表 9-12 B-2 井实钻地层分层数据表

地层年代	组	地层代码	井深数据/m 底深	井深数据/m 钻厚	垂深数据/m 底深	垂深数据/m 垂厚
第四系		Q	2	2	2	2
三叠系	嘉陵江组	T_1j	169	167	169	167
	飞仙关组	T_1f	633	464	632.9	463.90
二叠系	长兴组	P_2ch	770	137	769.84	136.94
	龙潭组	P_2l	881	111	880.82	110.98
	茅口组	P_1m	1265	384	1264.69	383.87
	栖霞组	P_1q	1377	112	1376.50	111.81
	梁山组	P_1l	1382	5	1381.47	4.97
志留系	韩家店组	S_2h	1945	563	1943.67	562.20
	小河坝组	S_1x	2216	271	2213.79	270.12
	龙马溪组	S_1l	4515	2299	2732.08	518.29
奥陶系	五峰组	O_3w	4591	76	2744.45	12.37
	临湘组	O_3l	4613	22	2749.12	4.67

水平段(2773~4573m)：该井自 2773m 钻至靶点 A，4573m 钻至靶点 B，水平段长 1800m，AB 高差 182.06m，主体在③号层底部—②号层穿行，其中③小层穿行 1415m，占 78.61%，②号层穿行 331m，占 18.39%，①号层穿行 54m，占 3.00%。B-2 轨迹穿行情况：从 2773m 进入优质页岩③号层中部，此后在②、③号层穿行，4573m 钻至靶点 B 即①号层底面，完钻时在临湘组，验证水平段轨迹层位可靠，而且优质页岩钻遇率 100%(表 9-13)。

表 9-13 B-2 井水平段穿行小层统计数据表

层号	深度/m	长度/m
⑤	2577~2612	35
④	2612~2730	118
③	2730~2938/3015~3628/3782~4147/4215~4487	1458
②	2938~3015/3628~3782/4147~4215/4487~4519	331
①	4519~4573	54

该井录井解释 44 层气测异常，侧钻后水平井五峰组—龙马溪组见 44 层/2158m 气层/含气层/气测异常层，水平段见 34 层/1812m 气层/含气层。水平段 2773~4573m 的气测全烃含量为 2.4%~16.8%，平均为 9.2%；甲烷含量为 2.1%~15.3%，平均为 8.4%。

水平段钻井过程中无井漏和溢流发生，循环通井过程中发生渗漏性漏失，累计漏失油基泥浆 94.5m³。

9.2.2 页岩品质评价

1. 页岩储层物性特征

(1)岩石矿物组分。

B-2 井五峰组—龙马溪组段页岩段进行了岩心全岩 X 射线衍射定量分析。B-2 井优质页岩段矿物组成以石英为主，石英含量平均为 58.5%，黏土平均为 23.9%，碳酸盐含量平均为 6.0%，黄铁矿平均为 3.5%，具备较好的压裂改造条件。B-2 井水平井段测井解释硅质含量为 45.91%~81.06%，平均为 67.06%，具有较好的压裂改造条件。

(2)储集空间特征。

B-2 井测井解释孔隙度为 2.54%~6.56%，平均孔隙度为 4.97%，岩心实验分析优质页岩段孔隙度介于 2.99%~6.45%，平均孔隙度 4.35%。

(3)含气性特征。

B-2 井龙一段解吸气含量为 0.47~2.02m³/t，平均为 1.02m³/t；损失气含量为 0.29~3.21m³/t，平均为 1.12m³/t；总含气量为 0.96~5.04m³/t，平均 2.14m³/t。其中①~⑤号层解吸气含量 0.83~2.02m³/t，平均为 1.52m³/t；损失气含量 0.52~3.21m³/t，平均为 1.69m³/t；总含气量为 1.36~5.04m³/t，平均为 3.2m³/t。

(4)天然裂缝特征。

岩心观察导眼井①号层岩心破碎，高角度裂缝发育；②~⑤号层岩心完整，层理缝发育。成像测井揭示：水平缝、页理发育，五峰组高角度缝较发育，以高阻缝为主。五峰组—龙马溪组共发育 27 条高阻缝，高导缝不发育。其中，五峰组发育高阻缝 7 条，优质页岩段裂缝集中发育于五峰组。优质页岩纹层发育，纹层密度普遍在 56～66 层/m。

B-2 井水平段钻井过程中未发生钻井液漏失，水平段地震曲率均显示为弱值，地层连续性相对较好，漏失型裂缝不发育。

2. 地质力学特征

（1）岩石力学分析。

B-2 井导眼井段斯伦贝谢测井解释①～⑤号层杨氏模量为 37.3～46GPa，平均为 40.5GPa；泊松比 0.18～0.26，平均为 0.21（表 9-14），表明优质页岩段具有较好的可压性。

表 9-14　B-2 井优质页岩段及顶底板力学参数表

层号或层段	厚度/m	最小水平主应力/MPa	最大水平主应力/MPa	水平应力差异系数	杨氏模量/GPa	泊松比
顶板	>100	47.3	63.7	0.26	47.9	0.28
⑤	8.8	45.9	62.3	0.26	46	0.26
④	10.9	41.7	56.5	0.26	40.1	0.22
③	12.5	40.8	55.5	0.26	39.5	0.21
②	2.15	40.7	55.8	0.27	39.8	0.21
观音桥段	0.2	41	56.2	0.27	40	0.2
①（不包括观音桥段）	5.45	38	52.6	0.28	37.3	0.18
底板灰岩	>50	53	68	0.24	49	0.3

B-2 水平段未进行偶极子声波测井，根据常规测井参数解释，岩石力学参数泊松比为 0.25～0.26，杨氏模量为 33～55.5GPa，平均为 42.5GPa；脆性指数为 61.64%～90.87%，平均为 76.25%。

（2）连续地应力剖面分析。

B-2 导眼井测井解释①～⑤号层最大水平主应力为 52.6～62.3MPa，最小水平主应力 38～45.9MPa，水平应力差 14.3～16.5MPa，应力差异系数为 0.26～0.27，底板应力比页岩高 15MPa，压裂可形成应力隔挡。

3. 可压性条件综合分析

B-2 井储层关键参数与邻井参数对比如表 9-15 所示。该井硅质矿物含量高、黏土矿物含量低，泊松比较低、杨氏模量较大，天然裂缝较发育，有利于起裂和形成网状缝；水平段埋深 2559～2741m，埋深适中，地应力较低，但水平应力差较大，低角度裂缝较难开启，裂缝转向难度增加。其纵向地应力剖面如图 9-11 所示。

表 9-15 B-2 井储层综合评价及邻井对比表

参数	井名/区块		
	J-1	B-1 井	B-2 井
孔隙度/%	4.87	5.38	4.97
TOC/%	3.51	4.76	4.72
含气性/(m³/t)	6.5	6.2	6
石英含量/%	44.41	54.9	67.1
黏土矿物含量/%	34.6	22.08	13.6
杨氏模量/GPa	35	30	42.5
泊松比	0.2	0.26	0.27
最大水平主应力/MPa	56	63.2	62.3
最小水平主应力/MPa	50	57.1	46
水平应力差/MPa	6	6.08	16.4
应力差异系数	0.1	0.11	0.27

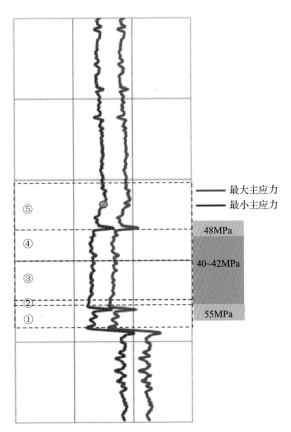

图 9-11 B-2 井应力特征

9.2.3　压裂优化设计

1. 总体技术思路

基于前期压裂井试气认识，结合 B-2 井储层综合评价，形成了以"促进裂缝转向、降本增效"为主体的压裂改造思路[4,5]。

(1) 增效压裂设计思路。

依据限流压裂原理，采取变密度射孔，提升各射孔孔眼的进液率，以促进裂缝均匀延伸；轨迹穿行①、②号层，采取定向向上射孔，促使裂缝向上扩展。

部分段试验"多簇少段+投球转向"压裂工艺，探索常压页岩气高效降本新的压裂模式。

采用变排量施工+提高低黏降阻水用量+多元组合加砂的压裂施工参数组合模式，实现多尺度人工裂缝网络改造。

(2) 降本压裂设计思路。

采用室内优选的低成本高效降阻水体系，在保证造缝、导流及携砂性能的基础上降低液体成本。

根据储层常压、轨迹下倾且有一定高差、井筒易积液的特征，总体适当控制施工液量，精细计算模拟人工裂缝各造缝阶段所需液量及排量组合，确保 SRV 的前提下进一步减少施工用液量，降低整体施工成本。

2. 段簇优化设计

本井水平段主要在③号层穿行，轨迹较稳定，方案以水平段地层岩性特征、岩石矿物组成、油气显示、电性特征为基础，结合地质分段、射孔段间距及簇间距要求进行综合压裂分段设计，共分为 20 段。

穿越②号层段采用向上定向射孔，相位角为 60°，射孔孔密为 16 孔/m；其余井段采用螺旋射孔，相位角为 60°，射孔孔密为 20 孔/m，每段 2～6 簇射孔，0.5～1.6m/簇，孔径 9.5mm。

3. 压裂工艺参数优化

(1) 施工规模优化。

选取如下压裂液用量：1600m^3、1800m^3、2000m^3、2200m^3、2400m^3、2600m^3 和 2800m^3，综合砂液比 4%～7%，则不同压裂液用量对裂缝半长和改造体积(SRV)的影响如图 9-12 所示。人工裂缝扩展分为三个阶段：①快速增加阶段(阶段缝长占设计总缝长的 65%～75%)；②稳步增加阶段(阶段缝长占设计总缝长的 15%～23%)；③缓慢增加阶段(阶段缝长占设计总缝长的 10%～13%)。从曲线可以看出人工裂缝扩展的快速增加阶段，液体造缝效率最高，占设计总缝长的 70%左右，是主要的造缝阶段。

人工裂缝的长度和 SRV 随液量的增加而增加，但当总液量超过 2000m^3 时，人工裂缝改造体积的增长变得缓慢，因此优化液量为 2000～2400m^3。通过对裂缝延展情况进行模拟和精细划分，进一步优化造缝液体使用量，降低施工过程中的液体成本。

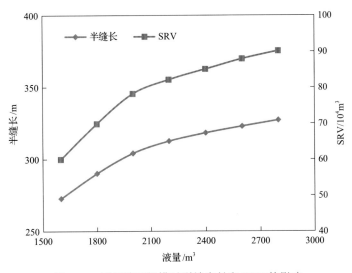

图 9-12 不同施工规模对裂缝半长和 SRV 的影响

(2) 变黏度降阻水。

以低黏及中黏降阻水为例,在变化的施工排量下,不同等级裂缝支撑缝宽的开启及闭合情况进行模拟结果如表 9-16 所示。从模拟结果来看,不同黏度降阻水对不同尺寸人工裂缝的开启、延展及支撑情况影响效果有明显区别。对于主裂缝支撑缝宽,中黏降阻水在不同施工排量下,形成的人工裂缝的支撑缝宽无明显变化,但使用低黏降阻水,在不同的施工排量下所形成的主裂缝缝宽有明显的起伏,在排量为 $14m^3/min$ 时,主裂缝支撑缝宽最大。对于分支缝支撑缝宽,使用两种不同黏度的降阻水所形成的支撑缝宽均与施工排量呈正相关关系。因此,结合两种黏度降阻水及施工排量对支撑缝宽的影响结果,在施工过程中,为了实现多尺度人工裂缝网络,应根据实际施工井地层情况,采用不同黏度降阻水组合及变排量的组合模式。

表 9-16 不同黏度降阻水对主裂缝及次级裂缝支撑缝宽的影响

黏度/(mPa·s)	排量/(m³/min)	主裂缝最大缝宽/mm	主裂缝平均缝宽/mm	分支缝最大缝宽/mm	分支缝平均缝宽/mm
3	10	4.199	2.21	0.574	0.28
	12	4.598	2.42	0.656	0.32
	14	4.636	2.44	0.676	0.33
	16	4.522	2.38	0.738	0.36
	18	4.503	2.37	0.779	0.38
10	10	4.313	2.27	0.779	0.38
	12	4.370	2.3	0.799	0.39
	14	4.389	2.31	0.820	0.40
	16	4.370	2.30	0.840	0.41
	18	4.275	2.25	0.861	0.42

(3) 综合砂液比优化。

液量 $2000m^3$ 压裂液,压裂液黏度分别为 $3mPa·s$ 和 $10mPa·s$,排量为 $10\sim18m^3/min$ 时(以 $2m^3/min$ 为间隔),不同排量对主裂缝缝宽和分支缝缝宽的影响,结果如图 9-13 所示。可以看出,缝宽与排量呈正相关关系,当排量大于 $14m^3/min$ 时,随排量增加,主裂缝缝宽变化不大。

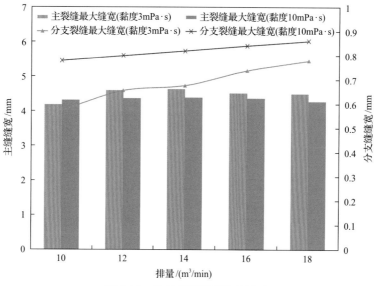

图 9-13 排量对裂缝缝宽的影响

液量 2000m³ 压裂液，排量为 12～16m³/min 时，综合砂液比取值范围为 2%～8% 时（以 0.5% 为间隔），对裂缝导流能力的影响，结果如图 9-14 所示。综合砂液比与人工裂缝的导流能力呈正相关性，优选综合砂液比为 5.5%～6%。

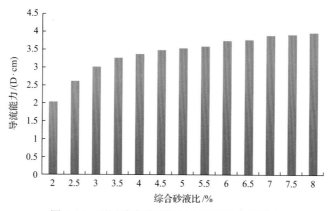

图 9-14 不同综合砂液比对应的裂缝导流能力

(4) 电动压裂泵实现降本增效。

采用电动泵逐步实现降本增效，分别从单泵试验，开始多泵联网，一直到规模应用。由于 1 台电动泵能力是 2.5 台压裂车的供液能力，且 1 台电动泵租用价格仅为 1 台压裂车价格。现场施工时噪声由原来的 120dB 降至 80dB，不仅减少了占地费用，还大大地减少了汽油费用和噪声污染，很好地实现了降本目的。

(5) 方案设计要点。

①对页岩甜点甜度的优选评价，进行精细分段分簇及针对性设计。

②"控近扩远"变排量施工，排量 14～18m³/min，限压内尽可能提高排量。

③20 段压裂，每段 3～6 簇，共计 92 簇。

④定向射孔+变密度射孔。

⑤连续加砂及长段塞加砂技术。

⑥投球暂堵技术有利于提高储层波及体积，实现增产增效。

⑦电驱压裂泵，实现降本目的。

4. 压裂材料优选

(1) 降阻水体系。

结合储层特征、工艺需求以及压裂现场连续混配要求，优选的降阻水压裂液体系具有降阻性能好、易配易用、耐剪切性能稳定、防膨胀性能优良、无残渣、低伤害的特征，其性能参数如表 9-17 所示，可满足 B-2 井压裂施工需要。

20s 后溶解率大于 70%、50s 后溶解率大于 90%，可满足大规模施工连续混配的要求。

现场配备 3 种黏度的降阻水，其中压裂施工以低黏降阻水为主，黏度 2~4mPa·s，中黏和高黏降阻水黏度分别为 6~9mPa·s 和 18~21mPa·s。

表 9-17 降阻水压裂液体系性能对比表

序号	项目	指标	标准要求
1	密度(25℃)/(g/cm³)	0.98	0.96~1.08
2	pH	7	6.5~7.5
3	表面张力/(mN/m)	24.3	≤28
4	界面张力/(mN/m)	2.1	≤3
5	防膨率/%	85	≥75
6	降阻率/%	75	—

(2) 支撑剂优选。

B-2 井压裂选择 70-140 目支撑剂在前置液阶段做段塞，起降滤打磨作用，为了增加裂缝导流能力，降低砂堵风险，中后期选择 40-70 目+30-50 目支撑剂组合。

考虑到该井为区域预探井，选择圆球度好，破碎率低，密度相对较低，在储层闭合压力(40~45MPa)条件下导流能力较高的低密度陶粒，可有效降低支撑剂嵌入程度，而且低密度陶粒破碎率小于 5%可满足施工要求。

(3) 暂堵剂优选。

B-2 井射孔孔径为 9.5mm 左右，孔眼扩径率约 20%~40%，扩径后直径 11.4~13.3mm。为了封堵正在进液孔眼，优选 11mm 和 13.5mm 球。单段射孔数 60 孔，设计每段 11mm、13.5mm 堵球分别为 24 个、6 个。

9.2.4 现场压裂施工

B-2 井共完成 20 段压裂施工，施工曲线如图 9-15 所示。从第 3 段开始实施投球暂堵压裂工艺，第 7 段开始尝试连续加砂，第 9~20 段施工以连续加砂为主。施工压力 32~90MPa，主体压力为 50~70MPa；施工排量 12~18m³/min，主体排量为 16~18m³/min。

B-2 井压裂用液情况如图 9-16 所示。单段液量 1795~3262m³，第 3~5、19 段单段液量大于 2500m³，第 1、2、7~9、11、13、14 段单段液量低于 2000m³。各段降阻水用量 99%以上。

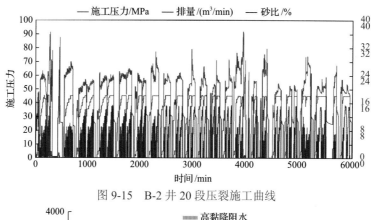

图 9-15　B-2 井 20 段压裂施工曲线

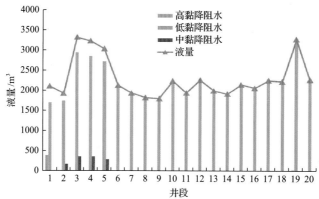

图 9-16　B-2 井压裂用液及液量统计图

B-2 压裂砂量如图 9-17 所示。单段砂量 63.78～206.75m³，第 5、6、8～13、16、17、19、20 段单段砂量大于 120m³，段数占比达到 65%。小粒径占比 8%～62%，中粒径占比 38%～79%，大粒径占比 4%～22%。

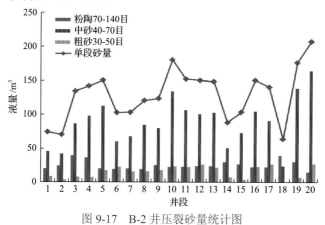

图 9-17　B-2 井压裂砂量统计图

9.2.5　压后评估分析

1. 远井脆性特征

页岩破裂压力特性与页岩的脆性指数关系密切，B-2 井不同段脆性指数如图 9-18 所示。而页岩的脆性与塑性特征可从能量的角度来反映。能量在计算时可转变为井底施工压力与排量的乘积，并对时间进行积分。

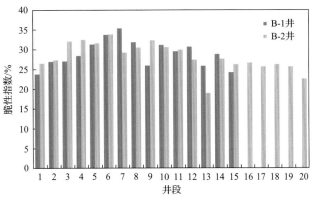

图 9-18 B-2 井与 B-1 井脆性指数对比图

B-1 井和 B-2 井远井脆性指数为 20%~36%，如图 9-18 所示，B-1 井整体略高于 B-2 井，B-2 井各段的脆性指数与 G 函数较吻合。

2. 地应力特征分析

B-2 井地应力反演结果如图 9-19 所示。根据施工压力反算两向水平应力差为 13.37~23.77MPa，大于压前测井解释的结果。

第 2~12、14~20 段水平应力差 13~19MPa，容易形成复杂缝；第 13 段的水平应力差最大，达到 23.77MPa，容易形成单一缝。

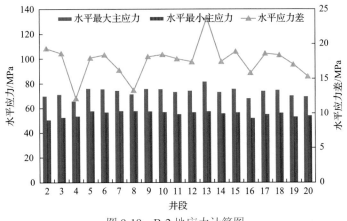

图 9-19 B-2 地应力计算图

3. 裂缝形态分析

结合压力曲线形态及 G 函数分析结果，进行 B-2 井压裂后裂缝形态诊断，将裂缝形态分为主裂缝+分支裂缝特征、复杂裂缝特征和剪切裂缝特征 3 种类型，典型裂缝形态和 G 函数曲线如图 9-20 所示，20 段裂缝形态诊断结果如表 9-18 所示。

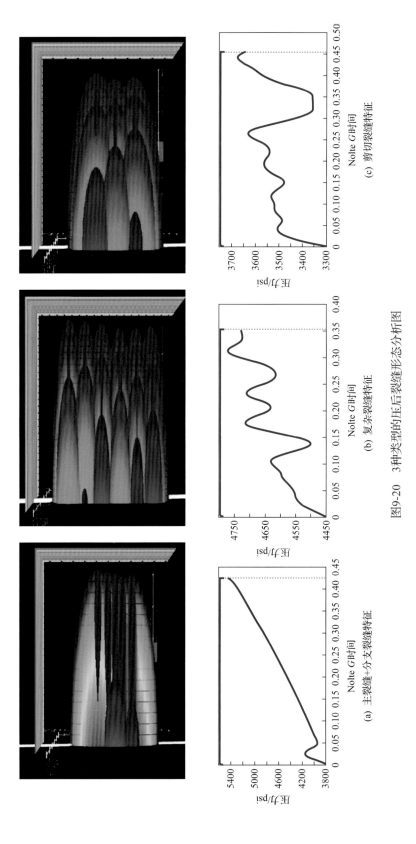

图9-20　3种类型的压后裂缝形态分析图

表 9-18　B-2 井裂缝形态诊断结果

类型	压裂段	段数	占比/%	曲线特征	裂缝特征
类型 1	13	1	5	G 函数曲线近似一条直线，斜率为常数	主裂缝+分支裂缝
类型 2	3~12、14~20	17	85	G 函数曲线逐步上升后在高位，发生多次微小波动	复杂裂缝
类型 3	1、2	2	10	G 函数曲线快速上升后在高位，发生多次较大波动，斜率不断变化	剪切网缝

4. 压后效果分析

B-2 井放喷后求产，最高产气量 $9.4 \times 10^4 m^3/d$，之后不连续生产，平均产气量 $4 \times 10^4 \sim 9 \times 10^4 m^3/d$。

9.2.6　认识

针对武隆区块常压页岩气井 B-2 井，从增效和降本的角度进行了方案设计及施工。以"增效"为目标，B-2 井采用螺旋+多簇射孔、变排量变黏度变粒径组合注入模式、暂堵球促转向等工艺技术，成功完成 20 段压裂施工。以降本为目标，优选出一套低成本高效降阻水体系，并优化减少了施工后期的低效液量。压裂综合费用降至 2551 万元，与隆页 1HF 井对比，平均单段压裂费用节约成本 32.6%。

9.3　丁山区块典型压裂井案例分析

9.3.1　钻完井概况

1. 钻井情况

C-3 井侧钻水平井位于重庆市綦江区打通镇双坝村 4 组，构造位置属于川东南地区林滩场-丁山北东向构造带，井别为预探井，井型为水平井。该井以五峰组—龙马溪组优质页岩气层段①～⑤号层为目的层。A 靶点斜深 2620m、垂深 2318.20m，B 靶点斜深 4176.72m、垂深 2509.60m，水平段长 1556.72m，水平段采取 Φ139.7mm 套管完井。

2. 钻遇地层

C-3 井导眼井钻遇地层自上而下为：中三叠统雷口坡组，下三叠统嘉陵江组、飞仙关组；上二叠统长兴组、龙潭组，下二叠统茅口组、栖霞组、梁山组；上志留统韩家店组，下志留统石牛栏组、龙马溪组；上奥陶统五峰组、临湘组，中奥陶统宝塔组(未钻穿)，钻遇地层划分如表 9-19 所示。

表 9-19　C-3 井导眼井实钻地层分层数据表

地层名称					实钻分层/m	
界	系	统	组	段	底深	厚度
中生界	三叠系	中统	雷口坡组		120	120
		下统	嘉陵江组		587	467
			飞仙关组		1053	466
古生界	二叠系	上统	长兴组		1080	27
			龙潭组		1183.5	103.5
		下统	茅口组		1450	266.5
			栖霞组		1567	117
			梁山组		1572	5
	志留系	上统	韩家店组		1886	314
		下统	石牛栏组		2121	235
			龙马溪组	龙二、三段	2186	65
				龙一段	2268	82
	奥陶系	上统	五峰组		2272	4
			临湘组		2277	5
		中统	宝塔组		2300	23

C-3 井共钻遇 1866.72m/19 层不同级别的油气显示，其中龙马溪组 1856.72m/18 层。现场录井解释微含气层 10.00m/1 层，泥页岩含气层 137.00m/7 层，泥页岩气层 1719.72m/11 层。

C-3 井在钻井过程中未发生井漏及溢流情况。

9.3.2　页岩品质评价

1. 页岩储层物性特征

1) 岩石矿物组分

C-3 井导眼井五峰组—龙马溪组泥页岩黏土矿物含量为 11.4%~48.3%，平均为 34.6%；硅质矿物含量为 12.3%~59.1%，平均为 30.9%；碳酸盐矿物含量为 9.6%~50.0%，平均为 22.9%。优质页岩层段(五峰组—龙一段一亚段)黏土矿物含量为 11.4%~39.2%，平均 27.7%；硅质矿物含量为 21.3%~59.1%，平均为 41.0%；碳酸盐矿物含量为 9.6%~37.8%，平均为 15.8%。

2) 储集空间特征

C-3 井导眼井五峰组—龙马溪组一段页岩气层段斯伦贝谢测井解释有效孔隙度为 0.52%~6.5%，平均 3.01%；优质泥页岩层段有效孔隙度为 1.3%~6.5%，平均 4.1%。其中，③号层有效孔隙度为 3.0%~6.0%，平均为 4.2%。

3) 含气性特征

C-3 井导眼井五峰组—龙马溪组现场共测试含气量样品 49 块，总含气量为 0.584～4.646m³/t，平均为 1.772m³/t，且底部含气量明显增大。其中，优质页岩段总含气量为 1.977～4.646m³/t，平均为 3.088m³/t。其中，③号层总含气量为 2.229～4.646m³/t，平均为 3.324m³/t(6 个样品)。

4) 天然裂缝特征

根据 C-3 井导眼井岩心描述和 FMI 成像测井资料显示：龙马溪组一段三亚段向上到石牛栏组，高阻缝较发育，表明该段地层构造变形强烈，高阻缝有 100 条，走向为北东-南西，倾向为北北西、南东，倾角范围为 15°～89°。龙一段二亚段发育 1 条微断层，高导缝 3 条，走向为北西西-南东东，倾向北北东，高阻缝较发育，诱导缝非常发育。龙一段一亚段发育少量高阻缝，诱导缝非常发育，其中，③号层发育 1 条高阻缝，诱导缝非常发育。

2. 地质力学特征

1) 岩石力学分析

根据室内岩石力学测试结果，③号层深度 2265.98～2266.2m 对应的取心杨氏模量平均值为 29.46GPa，泊松比平均值为 0.212，测试抗拉强度平均值为 8.51MPa。另据硬度和塑性系数测试可知，目的层页岩硬度 376MPa，塑性系数为 0.78。

根据丁页 3 井导眼井测井数据计算①～⑤号层的泊松比加权平均为 0.208，杨氏模量加权平均为 30.31GPa，计算优质页岩脆性指数为 55%。

2) 连续地应力剖面分析

通过邻井 C-1 井压后分析，可得最小水平主应力梯度约为 0.0243～0.0266MPa/m，对比两口井，再根据 C-3 井导眼井测井数据计算出优质页岩 2242～2272m 的地应力，如图 9-21 所示，主要参数如下：平均最小水平主应力为 58MPa(梯度 0.0255MPa/m)，平均最大水平主应力为 70MPa，上覆岩层主应力为 61MPa，水平应力差为 11.5～13MPa，破裂压力 78MPa；下部遮挡层(>2272m)平均最小水平主应力 66MPa；顶部(2220～2242m)平均最小水平主应力 60MPa。

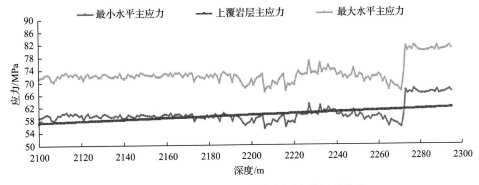

图 9-21 C-3 井导眼井地应力剖面参数解释结果

3. 可压性条件综合分析

水平井解释水平层段平均脆性指数 55%(岩石力学法);水平井优质储层最小主应力为 60~63MPa,闭合应力梯度为 0.0255MPa/m;水平两向应力差 11~13MPa,水平应力差异系数 0.18~0.22(<0.25);上覆岩层应力与最小主应力差为 3MPa,层理发育。总体而言,C-3 具备形成复杂裂缝的基础条件。

9.3.3 压裂优化设计

1. 总体技术思路

总体思路:采用全尺度缝网压裂技术,针对所有段以提高有效改造体积和导流能力为目标,提高缝网密度,有效提升中等含气量中等 TOC 井的产能。

1)提高改造体积

(1)缩小簇间距,增加裂缝条数,提高诱导应力干扰强度。

(2)精细射孔,保持段内岩性尽可能单一,尽可能段内裂缝同时有效扩展。

(3)变黏度多尺度充填技术,采用两套液体四种黏度进行施工,充分打开各种尺度裂缝,并采用粉陶支撑多尺度微裂缝和层理缝,保持各尺度裂缝的有效性。

2)提高多尺度裂缝导流能力

(1)闭合压力 60~63MPa,优选低密度陶粒支撑剂,破碎率低于 5%,密度约 1.4~1.55g/cm³,便于输送到裂缝远端。

(2)提高各段综合砂液比,③号层龙马溪组主体施工综合砂液比达到 3.5%~4%。

3)降低施工压力

(1)为减小破裂压力,降低施工难度,对预处理酸液类型进行优选。

(2)该井与最小主应力夹角为 30°,近井扭曲摩阻可能较大,采用粉陶打磨。

(3)优选高降阻黏度可调降阻水和胶液体系(降阻水 1~10mPa·s,胶液 30~60mPa·s)。

2. 段簇优化设计

水平井段虽穿行③号层,页岩品质几乎一致,但根据脆性和可压性,仍可分为 10 个地质大段。其中第 1、2、6、8~10 大段,合计 1011m,可压性品质优;第 3~5 大段和第 7 大段,共计 632m,可压性良。不同簇数对日产气量的影响如图 9-22 所示,由油藏数值模拟结果表明,产量随压裂簇数增加而增大,压裂簇数大于 60 时累计产气量递增减缓,综合考虑推荐 60~63 簇压裂,平均簇间距 20~25m。

压裂段长 70~80m,单段 2~3 簇,每簇 1~3m(一般 1.5m 左右),射孔孔密 20 孔/m,相位 60°,孔径不小于 10.5mm。

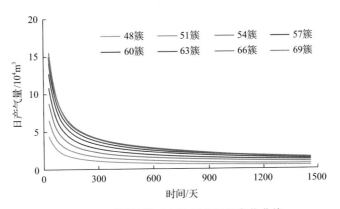

图 9-22　不同簇数对应的日产气量变化曲线

3. 压裂工艺参数优化

1) 裂缝参数优化

(1) 裂缝半长优化。

模拟条件：压裂簇数为 61 簇（23 段合计 61 簇），裂缝半长取值范围为 $200\sim300\mathrm{m}$，以 20m 间隔取值。产量随裂缝半长增加而增大。裂缝半长大于 280m 时累计产气量递增减缓，综合考虑推荐最优裂缝半长为 $280\sim300\mathrm{m}$，如图 9-23 所示。

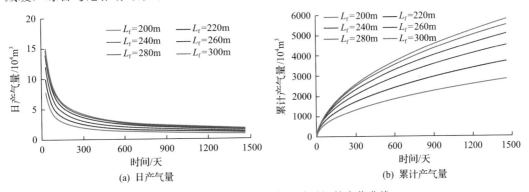

(a) 日产气量　　　　　　　　(b) 累计产气量

图 9-23　不同裂缝半长下产量随时间的变化曲线

(2) 导流能力优化。

模拟条件：压裂簇数为 61 簇（23 段合计 61 簇），裂缝导流能力（FRCD）取值范围：$0.5\sim10\mathrm{D\cdot cm}$。产气量随导流能力增加而增大。导流能力大于 $2\mathrm{D\cdot cm}$ 时累计产气量递增减缓，综合考虑推荐最优导流能力为 $2\sim5\mathrm{D\cdot cm}$，如图 9-24 所示。

2) 施工规模优化

(1) 压裂液用量优选。

模拟条件：单段 3 簇，单段液量 $1400\mathrm{m}^3$、$1500\mathrm{m}^3$、$1600\mathrm{m}^3$、$1700\mathrm{m}^3$、$1800\mathrm{m}^3$、$1900\mathrm{m}^3$。由图 9-25 和图 9-26 可知，单段液量为 $1700\sim1900\mathrm{m}^3$ 时，缝长为 $277\sim303\mathrm{m}$，改造体积 $182\times10^4\sim204\times10^4\mathrm{m}^3$，可满足要求。

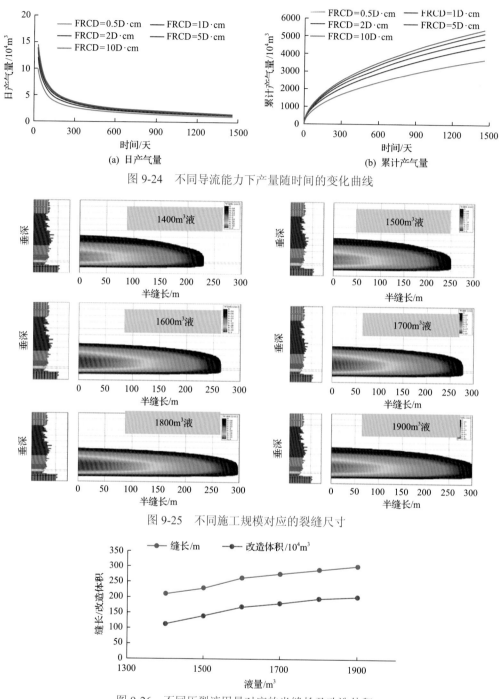

(a) 日产气量　　　　　　　　(b) 累计产气量

图 9-24　不同导流能力下产量随时间的变化曲线

图 9-25　不同施工规模对应的裂缝尺寸

图 9-26　不同压裂液用量对应的半缝长及改造体积

（2）支撑剂用量优选。

模拟条件：1800m³ 压裂液规模，支撑剂量分别为 48m³、56m³、6m³、72m³、80m³。当支撑剂量 72m³（15%粉陶）时，主裂缝导流能力达到 2.1D·cm，可满足要求，如图 9-27 所示。

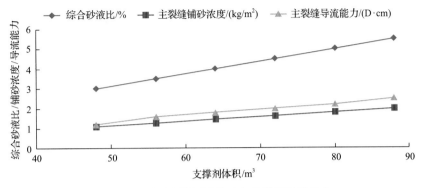

图 9-27 不同支撑剂用量对应的裂缝导流能力

(3) 施工排量优化。

初期采用低黏降阻水+低排量扩层理,保持净压力,粉陶充填,当排量达到13m³/min时,低黏净压力可达到 6～8MPa,改用中黏降阻水提高净压力至 11MPa,净压力高于11MPa(水平应力差),即可形成大范围复杂裂缝,需要保持排量高于 13m³/min,施工压力接近 80MPa,如图 9-28 所示。

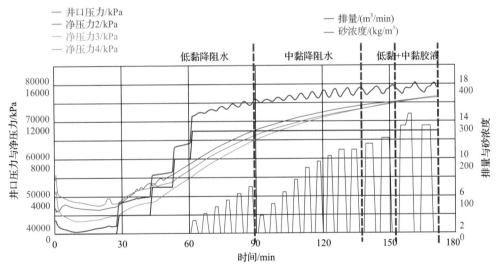

图 9-28 不同排量对应的净压力模拟结果

4. 压裂材料优选

1) 降阻水体系

降阻水体系主体配方:0.05%～0.15%降阻剂+0.3%黏土稳定剂+0.1%助排剂。降阻水黏度可调,低黏度提高复杂性,其性能参数如表 9-20 所示;中黏度撑开微裂缝,增加裂缝复杂程度,其性能参数如表 9-21 所示。

表 9-20 低黏降阻水体系性能参数

序号	项目	指标
1	溶解时间/s	83
2	pH	7.0
3	表观黏度 μ(25℃，170s^{-1})/(mPa·s)	1～3
4	表面张力/(mN/m)	26.3
5	现场降阻率/%	80～82

表 9-21 中黏降阻水体系性能参数

序号	项目	指标
1	溶解时间/s	110
2	pH	7.0
3	表观黏度 μ(25℃，170s^{-1})/(mPa·s)	9～10
4	表面张力/(mN/m)	26.3
5	现场降阻率/%	76～80

2）胶液体系

胶液体系主体配方：0.25%～0.3%增稠剂+0.12%～0.16%交联剂+0.3%黏土稳定剂+0.1%助排剂。低黏胶液基液黏度 15mPa·s，胶液黏度为 25～35mPa·s，其性能指标如表 9-22 所示。中黏胶液基液黏度 30mPa·s，胶液黏度为 40～60mPa·s，其性能指标如表 9-23 所示。

表 9-22 低黏胶液压裂液主要性能指标

项目	技术指标
溶解时间/min	30
基液 pH	6.0～7.0
0.25% SRFP-1 增稠剂配制基液的表观黏度/(mPa·s)	≥15
耐温耐剪切性能(170s^{-1})/(mPa·s)	≥25
破胶液黏度/(mPa·s)	≤5
破胶液表面张力/(mN/m)	≤28
防膨率/%	≥80
实验降阻率和现场降阻率/%	≥62，≥70
压裂液对岩心基质的伤害率/%	≤20

表 9-23 中黏胶液压裂液主要性能指标

项目	技术指标
溶解时间/min	30
基液 pH	6.0~7.0
0.3%增稠剂配制基液的表观黏度/(mPa·s)	≥30
耐温耐剪切性能(170s^{-1})/(mPa·s)	≥30
破胶液黏度/(mPa·s)	≤5
破胶液表面张力/(mN/m)	≤28
防膨率/%	≥80
实验降阻率和现场降阻率/%	≥62，≥70
压裂液对岩心基质的伤害率/%	≤20

3）支撑剂优选

针对闭合应力 60~63MPa，考虑支撑剂耐压性、抗破碎率、导流能力和经济性等因素，选择抗压强度 69MPa 的低密陶粒支撑剂。

优选粒径组合：70-140 目粉陶+40-70 目低密陶粒+30-50 目低密陶粒。

9.3.4 现场压裂施工

该井 11 天完成了 22 段压裂施工。单段液量 1567.8~2497.4m³，平均单段压裂液净液量 1833m³，其中降阻水占比 91.6%。单段支撑剂 42.45~82.87m³，平均单段支撑剂量 71.3m³，且逐步提高 30-50 目粗砂比例(最高达 20.8%)。整井平均综合砂液比 3.87%，较设计值提高 5 个百分点。

根据施工曲线形态将 22 段压裂曲线分成 3 种类型，如表 9-24 所示。

表 9-24 施工曲线分类表

曲线类型	特征	层段
类型 1：施工压力逐步上升型	较为致密，滤失较少，扩缝较为困难	5~8 段，共 3 段
类型 2：施工压力平稳型	滤失与排量相匹配，裂缝平稳推进扩展	1~4、6、9、10、12~14 段，共 12 段
类型 3：施工压力先降后升型	储层物性较好，滤失相对较大，裂缝易于扩展，但缝宽较窄	11、15~22 段，共 9 段

9.3.5 压后评估分析

1. 裂缝复杂性分析

3 种类型施工曲线对应的裂缝复杂性反演分析结果如图 9-29 和表 9-25 所示。21 段均形成了复杂裂缝，其中有 18 段形成了剪切网缝。

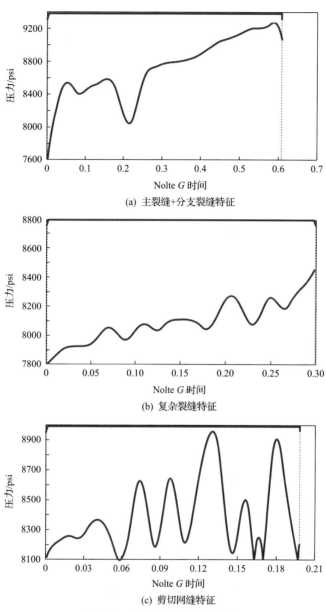

(a) 主裂缝+分支裂缝特征

(b) 复杂裂缝特征

(c) 剪切网缝特征

图 9-29　裂缝复杂性反演结果

表 9-25　裂缝复杂性分类表

类型	压裂段	段数	占比/%	曲线特征	裂缝特征
类型 1	2	1	5	G 函数曲线近似一条直线，斜率为常数	主裂缝+分支缝
类型 2	3、4、20	3	14	G 函数曲线逐步上升后在高位，发生多次微小波动	复杂裂缝
类型 3	1、5～19、21、22	18	81	G 函数曲线快速上升后在高位，发生多次较大波动，斜率不断变化	剪切网缝

2. 裂缝形态分析

如图 9-30 所示，针对 22 段压裂，反演的裂缝波及裂缝半长为 271～380m，缝高为 34～45m，带宽为 45～72m。单段改造体积为 $82 \times 10^4 \sim 247 \times 10^4 \mathrm{m}^3$，平均为 $154 \times 10^4 \mathrm{m}^3$，总改造体积为 $3381 \times 10^4 \mathrm{m}^3$。

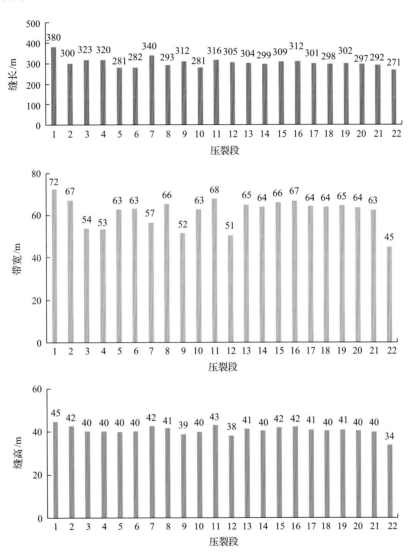

图 9-30 裂缝形态反演结果

3. 导流能力反演分析

单段支撑剂体积为 $42.45 \sim 82.87 \mathrm{m}^3$，优选了低密度高强度陶粒，在闭合压力 66MPa 条件下，导流能力反演为 $2.3 \sim 9.2 \mathrm{D} \cdot \mathrm{cm}$，超过了设计要求。

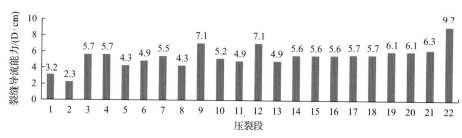

图 9-31 裂缝导流能力反演结果

4. 压后效果分析

采取 12mm 油嘴放喷求产,产气 $2.56 \times 10^4 m^3/d$,日产液量逐日下降,初期最高为 $556 m^3/d$,后降为 $27.5 m^3/d$。

9.3.6 认识

页岩气井压后产量高低取决于两个要素:①压裂段簇是否处于优质甜点区;②压裂施工是否形成复杂裂缝。针对页岩地层非均质性强、压裂改造复杂缝形成比例低的问题,为了改善区块开发效果,应进一步采取如下工艺措施:①精细分段,根据新井的伽马测井数据初步判断沿水平井筒方向的地层脆塑性,进而优选含气性高及天然裂缝发育的脆性地层为地质甜点区,针对性设置段簇分布;②提高裂缝复杂程度,适当提高施工排量及降阻水黏度,配合加砂浓度、时机、段塞量及压裂液交替注入等工艺措施,增加施工过程中的净压力,还可借鉴美国的转向压裂技术,进行缝内及缝口暂堵以增加页岩改造体积。

9.4 金佛断坡典型压裂井案例分析

9.4.1 钻完井概况

1. 钻井情况

M 井位于重庆市南川区水江镇,是针对上奥陶统五峰组—下志留统龙马溪组下部页岩气层部署的一口预探井。A 靶点井深 3636m、垂深 3324.34m,B 靶点井深 5136m、垂深 3281.91m。地层压力系数为 1.18。

2. 钻遇地层

导眼井 M 井开口于上三叠统须家河组,自上而下依次钻遇上三叠统须家河组、中三叠统雷口坡组、下三叠统嘉陵江组、飞仙关组,上二叠统长兴组、龙潭组,下二叠统茅口组、栖霞组、梁山组,中上志留统韩家店组,下志留统小河坝组、龙马溪组,上奥陶统五峰组、临湘组,中奥陶统宝塔组。钻遇地层划分如表 9-26 所示。

表 9-26 M 井地层分层数据表

地层			底深/m	视厚/m
系	统	层位		
三叠系	上统	须家河组	56	51
	中统	雷口坡组	401	345
	下统	嘉陵江组	849	448
		飞仙关组	1363	514
二叠系	上统	长兴组	1518	155
		龙潭组	1603	85
	下统	茅口组	1858	255
		栖霞组	2016	158
		梁山组	2036	20
志留系	中统	韩家店组	2847	811
	下统	小河坝组	3024	177
		龙马溪组	3401	377
奥陶系	上统	五峰组	3405	4
		临湘组	3416	11
	中统	宝塔组	3433	17

M 井水平段长 1500m，穿行层位①、②、③号层。其中，其中①号层 680m，占比 45.4%，②号层 104m，占比 6.9%，③号层 716m，占比 47.7%。

9.4.2 页岩品质评价

1. 页岩储层物性特征

1) 岩石矿物组分

M 井五峰组—龙马溪组页岩段岩心全岩 X-射线衍射实验分析结果显示，脆性矿物含量高，①～⑤号层石英含量为 48%，长石含量为 7.3%，碳酸盐含量为 6.3%，黏土矿物含量为 35%，其中①～③号层石英含量为 50.8%，长石含量为 6.1%，碳酸盐含量为 6%，黏土矿物含量为 34.3%，具有良好的可压性；测井解释五峰组—龙马溪组优质页岩段石英含量为 51.8%，脆性指数 71.6%，具有良好的可压性。

2) 储集空间特征

M 井优质页岩①～⑤号层实验脉冲法孔隙度为 2.64%～4.74%，平均 3.28%；测井解释①～⑤号层孔隙度为 1.5%～5.1%，平均为 3.4%，具有较好的储集性。

3) 含气性特征

M 井①～⑤号层解吸气含量为 0.4～1.35m³/t，平均为 1.03m³/t，损失气含量为 0.73～3.6m³/t，平均为 2.1m³/t，总含气量为 1.13～4.87m³/t，平均为 3.1m³/t。

4）天然裂缝特征

M 井优质页岩岩心观察显示①～⑤号层优质页岩水平缝发育；⑥～⑨号层以水平缝为主，高角度裂缝发育较少；②～③号层高角度裂缝发育，有利于页岩气储集和渗流。其中①～③号层裂缝较发育，①号层以水平缝为主，②号层和③号层以高角度缝为主；④号层和⑤号层岩心较完整。成像测井解释五峰组—龙马溪组共发育 77 条高阻缝，不发育高导缝，其中龙一段共发育高阻缝 39 条，优质页岩 31 条，集中发育于②号层和③号层。

2. 地质力学特征

1）岩石力学分析

导眼井测井解释结果如表 9-27 所示，优质页岩段杨氏模量平均为 42～43GPa，泊松比为 0.2，有利于压裂改造。

表 9-27 M 井岩石力学参数表

层号	厚度/m	杨氏模量/GPa	泊松比
⑤	13	41.77	0.20
④	8	40.71	0.19
③	5	45.57	0.17
②	1	44.77	0.16
①	4	45.04	0.22

2）连续地应力剖面分析

如表 9-28 所示，测井解释①～⑤号层页岩最大水平主应力约为 69～75MPa，最小水平主应力约为 60～68MPa，最大和最小水平主应力差约 7MPa，水平应力差异系数为 0.1，有利于形成网状缝。

表 9-28 M 井地应力统计表

层号	厚度/m	最小水平主应力/MPa	最大水平主应力/MPa	水平应力差异系数
⑤	13	66.1	73.1	0.10
④	8	64.9	72.0	0.10
③	5	62.5	69.6	0.10
②	1	60.8	67.9	0.11
①	4	68.1	75.2	0.10

3. 可压性条件综合分析

M 井硅质矿物含量高、黏土矿物含量低，泊松比较低、杨氏模量较大，应力差异系数小，天然裂缝较发育，利于起裂和形成网状缝。水平段埋深适中，地应力大，应优化其水平井分段压裂工艺技术。

9.4.3 压裂优化设计

1. 总体技术思路

M 井气层含气性好，高角度缝发育，纵向上无明显隔层。分段压裂设计具体思路如下：

(1) 采用 W 形裂缝布局，为保证改造充分性，针对不同小层优化压裂规模：①号层预计施工难度较高，应增加胶液用量，适当控制总砂量并提高粉陶占比；③号层预计施工难度正常，则控制用液量，提高加砂强度。

(2) 采用前置胶液降低液体滤失，促进缝宽和缝高延伸，扩大改造体积；分阶段提排量，逐步提升缝内净压力；主体采用降阻水施工，采用小段距、小簇间距，增强缝间诱导应力，提高有效压裂改造体积。

(3) 若施工压力无波动，G 函数曲线平滑，表现出裂缝复杂度不足，则可以通过改变压裂液黏度和支撑剂粒径来提升净压力，提高改造效果。

(4) 根据③号层的施工压力情况，若存在安全施工压力窗口，则针对 4 簇射孔的段，试验段内投球暂堵转向技术，以提高段内均匀改造程度。现场备用 13.5mm 暂堵球 120 个以上。

2. 段簇优化设计

以水平段岩石矿物组成、油气显示、电性特征(GR、电阻率和三孔隙度测井)为基础，结合岩石力学参数，对 M 井龙马溪组水平段进行划分。综合考虑各单因素压裂分段设计结果，重点参考岩石矿物组成、GR、密度及最小水平主应力四项因素进行综合压裂分段设计，共分为 21 段。水平段采用以 2～4 簇射孔为主，簇间距 12.2～22m，段间距 31.2～45m。

3. 压裂工艺参数优化

采用非均匀布缝方式，在物性、TOC、含气性好的层段设计大规模，增大改造体积。针对不同层段不同簇数条件下，不同压裂液规模进行模拟分析。

以 3 簇射孔为例，选取压裂液用量分别为 1900m³ 和 1700m³，支撑剂用量分别为 70m³ 和 60m³，则不同压裂液用量对裂缝形态的影响如图 9-32 所示，波及裂缝半长为 245～290m，裂缝高度为 59～61m。

根据 M 井水平段测井解释结果，同时考虑非均匀布缝模式，设计不同层段主压裂施工规模如下：

1850m³ 压裂液+65m³ 支撑剂(第 1、4 段)。

1950m³ 压裂液+70m³ 支撑剂(第 2～3、第 6～8、第 16～21 段)。

2000m³ 压裂液+75m³ 支撑剂(第 5、第 9～15 段)。

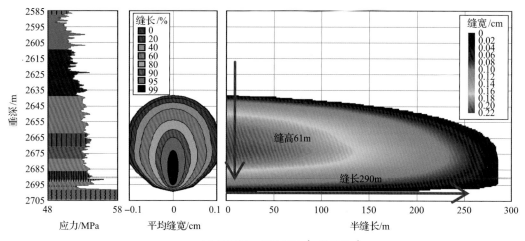

(a) 3簇射孔，液量1900m³，砂量70m³

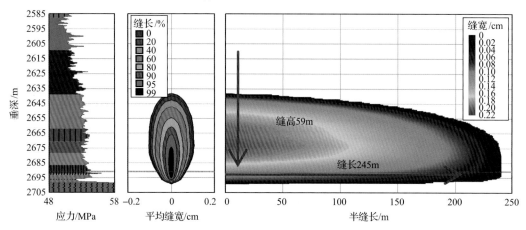

(b) 3簇射孔，液量1700m³，砂量60m³

图 9-32　3簇射孔裂缝形态扩展模拟图

4. 压裂材料优选

M 井采用降阻水和胶液作为压裂液体系。

1）降阻水体系配方

0.1%降阻剂+0.2%复合防膨剂+0.1%复合增效剂+0.02%消泡剂。

降阻剂为固体粉末，其他为液体。

2）胶液体系配方

0.25%～0.35%稠化剂+0.3%防膨剂+0.1%助排剂+0.1%杀菌剂+0.15%交联剂+0.1%碳酸钠。

3）支撑剂优选

M 井储层中部埋深 3302m，闭合应力 55～65MPa。考虑支撑剂耐压性、导流能力及价格等因素，采用 70-140 目粉陶、40-70 目低密度陶粒、30-50 目低密度陶粒。

9.4.4 现场压裂施工及效果

M 井有 12 段采用前置胶液造缝、大排量、大砂量的常规压裂工艺，9 段长段塞连续加砂、投球转向压裂工艺。总液量 48012.7m³，其中降阻水占比 89.1%；总支撑剂量 2032.2m³，整井平均综合砂液比 4.23%。压后测试产量 9.4×10⁴m³/d，实现了该区块的勘探突破。随后，统计该区压裂施工的 12 口井，其压裂施工后的平均测试产量 12.1×10⁴m³/d、平均测试套压 13.6MPa。与邻区相比，该区已压裂井平均单段液量提高 3.0%，平均加砂强度提高 30.4%。

该区块形成了常压页岩气特色的提速降本配套工艺集成：

(1)通过"减用量、降浓度、换配方、变组合"等综合优化手段，持续降低压裂材料费用。

(2)采用全电动设备进行压裂施工，全电动设备覆盖压裂过程中供水、配液、供液、混砂、压裂泵全工序链，井场外围噪声低于"工业与居民混合区"的环境噪声标准值(50dB)，保障 24h 施工。全电泵实现了降本 29.1%，提速至每天 4 段以上，低碳环保的显著效果。

(3)充分利用井工厂平台作业的优势，采用平台井拉链压裂模式，电动压裂连续运转；优化混配流程，新式缓冲罐"以一抵十"，降低液罐占地面积 50%；优化压裂和泵送桥塞施工组织，两井"拉链"压裂每天 5 段以上。

9.4.5 认识

M 井地层压力系数为 1.18，略高于彭水、武隆和丁山地区。对于此类页岩气藏，采取适当的压裂工艺技术能够获得相对较好的效果。根据现场施工及压后排采情况，对于该区应进一步采取如下工艺措施：

(1)M 井投球暂堵平均单段产气量较常规压裂提高 26.2%，获得了较好的改造效果，建议进一步加强暂堵球在井筒中的运移规律研究，以提高多簇射孔裂缝均衡起裂与扩展程度。

(2)针对不同地层压力系数的常压页岩气藏，通过储层关键地质参数评价进行分类。基于裂缝形态和压后产量模拟结果，建立不同类型常压页岩气井的裂缝参数及施工参数的图版，以便为压裂设计优化提供依据。

9.5 小　结

通过对以上四个典型常压页岩气区块压裂井案例详细分析可知，常压页岩气从地质特征和生产方式均与超压页岩气具有较大不同，需要对其持续进行技术攻关，主要结论及建议如下。

(1)由于常压页岩气与高压页岩气在地质构造、储层参数、气体赋存方式等方面存在较大差异，因此需要针对其特殊性建立一套全新的压裂理念和施工方式。

(2)常压页岩气应以提高吸附气解吸速率和增加缝网改造密度为目标，需要持续开展配套的地质工程一体化压裂方案设计，进一步开展不同降本增效工艺现场攻关试验。

（3）目前，压裂投产的常压页岩气井较少，建议前期以压裂增产增效为主，降本为辅；后期以降本为主，且维持先前的增产增效水平不降。在应用中发现问题并进行持续改进和完善。

参 考 文 献

[1] 卞晓冰，蒋廷学，贾长贵，等. 基于施工曲线的页岩气井压后评估新方法[J]. 天然气工业，2016, 36(2): 60-65.

[2] 蒋廷学，卞晓冰，王海涛，等. 页岩气水平井分段压裂排采规律研究[J]. 石油钻探技术，2013, 41(5): 21-25.

[3] 蒋廷学，卞晓冰，苏瑗，等. 页岩可压性指数评价新方法及应用[J]. 石油钻探技术，2014, 42(5): 16-20.

[4] 雷林，张龙胜，熊炜，等. 武隆区块常压页岩气水平井分段压裂技术[J]. 石油钻探技术，2019, 47(1): 76-82.

[5] 何希鹏，张培先，房大志，等. 渝东南彭水-武隆地区常压页岩气生产特征[J]. 油气地质与采收率，2018, 25(5): 72-79.